云南烟区
NC102、NC297
烟叶生产技术与质量评价

主编 夏建军 姜永雷 钱颖颖 王萝萍 徐济仓

西南交通大学出版社
·成 都·

图书在版编目（CIP）数据

云南烟区 NC102、NC297 烟叶生产技术与质量评价 / 夏建军等主编. -- 成都：西南交通大学出版社，2024.8. -- ISBN 978-7-5774-0070-9

Ⅰ．TS45

中国国家版本馆 CIP 数据核字第 2024KJ0705 号

Yunnan Yanqu NC102、NC297 Yanye Shengchan Jishu yu Zhiliang Pingjia

云南烟区 NC102、NC297 烟叶生产技术与质量评价

| 主　编 | 夏建军　姜永雷　钱颖颖
王萝萍　徐济仓 | 策划编辑／李芳芳　张少华
责任编辑／姜锡伟
责任校对／左凌涛
封面设计／GT 工作室 |

西南交通大学出版社出版发行

（四川省成都市金牛区二环路北一段 111 号西南交通大学创新大厦 21 楼　610031）

营销部电话：028-87600564　　028-87600533

网址：http://www.xnjdcbs.com

印刷：四川玖艺呈现印刷有限公司

成品尺寸　185 mm×260 mm

印张　12.25　字数　246 千

版次　2024 年 8 月第 1 版　　印次　2024 年 8 月第 1 次

书号　ISBN 978-7-5774-0070-9

定价　96.00 元

图书如有印装质量问题　本社负责退换

版权所有　盗版必究　举报电话：028-87600562

编委会

顾　问　　天建华

主　编　　夏建军　姜永雷　钱颖颖　王萝萍　徐济仓

副主编　　刘　欣　陈　颐　马　翔　胡彬彬　李　峰
　　　　　　李　娟　陆俊平

编　委　　赵文军　杨江南　司晓喜　郑博文　郭瑞川
　　　　　　韩　莹　严　杰　朱　杰　何晓健　宋鹏飞
　　　　　　端　凯　钱国双　周东洁　冀新威　顾开元
　　　　　　张凤梅　苏家恩　向海英　喻　曦　曾婉俐
　　　　　　徐天养　刘　晶　李鹏飞　赵渐云　丰家伟
　　　　　　李　塑　曾　晖　胡　杨　周彦夷　张四伟
　　　　　　王开平　孙剑秋　赵　敏　张子龙　李美红
　　　　　　熊　茜　皇甫东有　赵　学　王伟龙　杨舒涵

前言

NC102品种和NC297品种均为2005年由云南中烟工业有限责任公司从美国引进，并开始在云南省试种的烟草品种。这两个品种是由美国金叶种子公司（Goldleaf Seed Company）杂交选育而成的，其中：NC297品种于2014年通过全国烟草品种审定委员会审定，品种审定编号为201504；NC102品种于2013年通过全国烟草品种审定委员会审定，品种审定编号为201505。选育单位均为云南中烟工业有限责任公司和云南省烟草农业科学研究院。

NC102品种株型为塔形，叶片呈长椭圆形，封顶株高为95～115 cm，自然叶片数为25～27片/株，有效叶数为21～23片/株，大田生育期为110～120 d。该品种高抗黑胫病，抗烟草花叶病毒（TMV）、马铃薯Y病毒（PVY），低抗青枯病，中感赤星病和南方根结线虫病；适合在紫色土、砂壤土、壤土上种植。根据国内已开展的示范推广和生产情况，NC102在云南、山东、河南等部分地区综合表现较好。NC102烤烟品种各部位烟叶烘烤特性存在差异，其下部烟叶易烤性好，耐烤性好，烘烤特性较好；中部烟叶易烤性中等，耐烤性中等，烘烤特性中等；上部烟叶易烤性差，耐烤性好，烘烤特性中等。NC102品种优质烟叶感官质量表现为香气清晰度较好，香气浓度较高，体现为清甜韵、干草香和果香；香气较丰富，质感细腻，清晰飘逸，香气量适中，香气浓度适中，劲头适中，口腔舒适性较好，刺激较小，总体感官质量较好。

NC297品种株型为塔形，叶片呈长椭圆形，打顶株高为100～120 cm，自然叶片数为25～26片/株，有效叶数为21～23片，大田生育期为110～120 d。

该品种抗黑胫病、烟草花叶病毒（TMV），中抗青枯病、南方根结线虫病，中感赤星病和炭疽病，综合抗病性较优。根据国内已开展的示范推广和生产情况，NC297 品种在云南、四川等部分地区综合表现较好。NC297 烘烤特性为烟叶下部叶、中部叶易烤性中等，上部叶易烤性较差，各部位的耐烤性均较好。NC297 品种优质烟叶感官质量表现为香气量适中，甜香较丰富，香气质感表现较好，香气透发性较高，甜香丰富，刺激性适中，口腔舒适性较好，总体感官质量较好。

本书内容共分为 5 章：第一章概述了 NC102 和 NC297 品种在国内的适宜种植区域、栽培技术、烘烤技术、生产示范及应用推广的相关研究情况；第二章介绍了在云南部分产区开展的群体结构调控、氮素营养调控、微生物菌剂调控、品种的生态适应性相关实验及结果；第三章重点介绍了 NC102 和 NC297 品种烘烤特性研究以及烘烤工艺的优化情况；第四章重点分析了 NC102 和 NC297 品种初烤烟叶的外观质量和化学成分含量情况；第五章对 NC102 和 NC297 品种的复烤片烟（模块）感官质量、烟叶加工特性、烟叶配方功能验证试验等情况进行了介绍。

本书内容涵盖了 NC102 和 NC297 品种的相关生产技术和烘烤技术研究，并对两个品种在云南产区栽培的烟叶质量、配方功能等进行了分析。本书的主要数据来源于在云南产区针对上述两个品种所开展的相关试验及生产实践，相关内容可为烟叶生产技术推广人员、卷烟企业原料技术开发人员以及从事烟草相关科学研究的人员提供数据参考。

由于编者水平有限，书中疏漏、不足之处在所难免，敬请读者批评指正。

作 者

2024 年 5 月

目 录

第一章 概 述

第一节 品种引进情况 …………………………………… 2
第二节 品种特征 ………………………………………… 2
第三节 国内试验概况 …………………………………… 5

第二章 烟叶关键生产技术

第一节 烟叶群体结构调控技术 ………………………… 20
第二节 氮素营养调控技术 ……………………………… 32
第三节 微生物菌剂调控技术 …………………………… 40
第四节 生态适应性研究 ………………………………… 61

第三章 烟叶成熟采收和烘烤管理

第一节 烟叶成熟采收研究 ……………………………… 72
第二节 烘烤特性研究 …………………………………… 85
第三节 烘烤工艺研究 ……………………………………115

第四章 烟叶质量特征

第一节 烟叶质量评价体系 ··· 132

第二节 初烤烟叶外观质量分析 ······································· 135

第三节 初烤烟叶化学成分分析 ······································· 141

第四节 讨论与总结 ·· 165

第五章 烟叶加工质量及加工特性

第一节 烟叶感官质量 ·· 168

第二节 烟叶加工特性 ·· 171

第三节 烟叶配方功能验证试验 ······································· 174

参考文献 ·· 177

第一章

概 述

第一节 品种引进情况

NC102是美国金叶种子公司（Goldleaf Seed Company）用Lot652×653（母本）和LotNO2-20（父本）杂交选育而成的，2001年通过美国区域最低标准程序试验，2002—2004年通过美国北卡罗来纳州官方品种试验，2004年由北卡罗来纳州官方推荐试种；2005年由我国云南中烟工业有限责任公司从美国引进云南省试种，2013年通过全国烟草品种审定委员会审定，品种审定编号为201505，选育单位为云南中烟工业有限责任公司和云南省烟草农业科学研究院。

NC297是美国金叶种子公司（Goldleaf Seed Company）用GH99-618×GH99-617（母本）和GH99-618×GH99-617（父本）杂交选育而成的，2005年由我国云南中烟工业有限责任公司从美国引进云南省试种，引进后于2006—2009年开展了品比、区试、大面积生产示范及工业验证试验，2013年通过全国烟草品种审定委员会审定，品种审定编号为201504，选育单位为云南中烟工业有限责任公司和云南省烟草农业科学研究院。

第二节 品种特征

一、NC102品种

NC102品种株型为塔形，叶片为长椭圆形，茎叶角度中等，叶尖渐尖，叶色绿，叶缘波浪状，叶面较皱，主脉粗细中等。打顶株高95~115 cm，自然叶数25~27片/株，打顶留叶数21~23片/株，大田生育期110~120 d。

该品种高抗黑胫病，抗烟草花叶病毒（TMV）、马铃薯Y病毒（PVY），低抗青枯病，中感赤星病和南方根结线虫病，综合抗病性好于品种K326。该品种适应性广，在各种生态条件下均可种植，但要避开黏土类土壤和烟草根结线虫病高发区域或地块。

云南烟区NC102的平均产量在2100~2400 kg/hm²，平均上等烟比例57%，平均中上等烟比例93%，综合经济性状与品种K326相当，烤后原烟多为金黄至深黄色，成熟度好,叶片结构疏松,身份适中,整体外观质量与品种 K326 相当。NC102 品种盆栽如图 1-1 所示。

图 1-1　NC102 品种盆栽

二、NC297 品种

NC297 品种株型为塔形,叶片为长椭圆形,茎叶角度中等,叶色绿,叶面较皱,叶尖渐尖,叶缘波浪状,主脉粗细适中,花序集中,花冠粉红色。打顶株高 100~

120 cm，自然叶数 25~26 片/株，有效叶数 21~23 片/株，大田生育期 110~120 d。

该品种田间生长整齐一致，长势强，抗黑胫病、烟草花叶病毒（TMV），中抗青枯病、南方根结线虫病，中感赤星病和炭疽病，综合抗病性较优。

云南烟区 NC297 的平均产量在 2175~2475 kg/hm^2，平均上等烟比例 40%，平均中上等烟比例 95%，综合经济性状优于或与品种 K326 相当，烤后原烟多金黄至深黄色，成熟度好，叶片结构疏松，身份适中，整体外观质量与品种 K326 相当。NC297 品种盆栽如图 1-2 所示。

图 1-2　NC297 品种盆栽

第三节 国内试验概况

一、NC102 品种

（一）适宜种植区域的研究

烟叶品质是由遗传因素、生态环境和栽培技术三者共同作用决定的，并且受品种、栽培措施、田间管理、调制方法等因素的影响。其中，品种是决定烟叶品质的关键内在因素，也是烟叶生产的物质基础，优良品种对提高烟叶品质具有十分重要的作用。随着卷烟工业产品结构的不断转型升级，工业企业对烟叶品质的要求逐渐向烟叶质量多样化和区域质量稳定化方向发展。基于"生态决定特色，品种彰显特色，技术保障特色"的总体思路，行业内对 NC102 品种的适宜种植区域进行了大量研究报道。

王文杰等在山东费县对 NC102、NC297 等品种进行了栽培适应性研究。该研究以 K326 为对照，通过对比大田生育期的时长、植物学性状、农艺性状、经济性状、抗病性、外观质量、内在质量及感官质量等指标，发现 NC102 在烟株长势、抗病性、原烟外观指标和经济性状等各方面表现较好，具有较高的推广应用价值。

杨全柳等以 K326 为对照，在湖南永州市宁远县选用 NC102、NC297 等品种进行了筛选试验。经对比后发现：在该地区 NC102 大田长势缓慢，主筋粗且发白，叶片短，厚度中等，原烟品质较好，油分多，顶叶轻挂灰；NC297 则成熟落黄困难，不耐肥，且高感赤星病，叶片结构尚疏松，油分较多，总体表现较差，均不建议在湖南永州烟区进行推广种植。

雷晓等在四川泸州市开展 NC102、NC297、NC55 品种适应性研究，对其农艺性状指标、抗病性、烟叶内在化学成分协调性及经济指标综合分析。研究发现：NC297 综合表现最好，株型高大，有效叶数多，田间长势旺，抗病性强，内在化学成分协调，经济效益高，NC102 与 NC55 表现其次，但是均优于对照品种云烟 85。

潘旭等在贵州盘县（现盘州市）对 NC102、NC297 等品种进行了栽培适应性研究，以当地主栽品种云烟 87 为对照，通过田间比较试验，分析研究了不同品种的生育期时长、农艺性状、经济性状、抗病性、感官评价、化学成分等指标。试验发现：NC102 在农艺性状、经济性状、抗病性、感官品质及化学成分的协调性上均与对照品种云烟 87 基本相当,研究者认为可能和 NC102 的栽培措施与云烟 87 基本相当有关;而 NC297 在当地中感气候斑点病和赤星病,产值及上等烟比例相较最低,综合表现弱于云烟 87。NC102、NC297 的综合表现均弱于试验品种贵烟 202。因此,该研究建议在盘县(现盘州市)可对 NC102 进行进一步的试验验证,对 NC297 则不再示范推广。

姚健等以中烟 100 为对照,在河南许昌烟区对多个烤烟品种开展了区域适应性研究,包括 NC102、NC297、中烟系列、豫烟系列、K326,对其农艺性状、经济性状、外观品质及内在质量等进行了综合比较分析。结果显示:NC102、NC297 的生育期时长相对其他试验品种较短,移栽 50d 后长势会由强转中,产量均低于对照品种中烟 100。并且,就浓香型风格特征彰显程度而言,NC102 彰显程度及感官质量总体表现均优于对照,NC297 则与对照相当,该研究认为还需进一步验证试验结果。

苑举民等以 K326 为对照,对 NC102、云烟 201、中烟 100 等 7 个烤烟品种(系)在江西瑞金市开展了品种比较试验,综合分析了不同品种在当地生态条件下的光合特性、抗病性、经济性状及内在质量,旨在筛选适应性强的优良烤烟品种(系)。该试验发现:相比于其他试验品种,NC102 的团棵期偏迟,叶片较多,株高稍矮且节距较密,气候斑点病较重,经济性状差,其 C3F 等级烟叶总氮、钾含量偏低,总糖、两糖差偏大,感官质量中等,综合来看各指标均表现一般,对当地生态条件的适应性也一般。

杨洪雄等参照 NC102、NC297 在原产地美国北卡罗来纳州的生态条件,对其在云南省内适宜可种植区域进行了研究,发现:首先,NC102、NC297 大田生长期的月均温度在 20 ℃以上为宜,至少不低于 19.5 ℃,因此在云南烟区种植需将其种植海拔限制在 2000 m 以下,且采用盖膜种植;其次,NC102 与 NC297 比较适宜在砂土、砂壤、轻壤、中壤和重壤上种植,不宜在黏土和重黏土上种植,特别是在黏土上种植易导致烟株出现返青,造成上部烟叶难落黄及产质量下降;同时,NC102 易感烟草根结线虫病,在种植前必须测定土壤内烟草根结线虫量,每 100 g 土壤内含烟草根结线虫大于 10 条的区域,则不适宜种植 NC102,可改种抗烟草根结线虫的 NC297。

郭山虎等以湖南中烟品牌原料需求为导向,在云南昆明、曲靖等 11 个市(州)开展了 NC102、NC297 等烤烟品种的试验研究,对不同生态区域烤烟品种的农艺性状、经济性状和品质特点进行了对比分析,结果发现 NC102 化学成分协调性较差,感官质量中等,经济性状在昭通表现较好,其亩产量、亩产值均优于对照 K326;NC297 则化学成分基本协调,感官质量较好,在玉溪的经济性状表现较好,其亩产量、亩产值、均价和上等烟比例的总体表现都优于对照 K326。

戴珏等在云南文山烟区对 NC102、六烟 97 等 4 个烤烟品种进行了筛选试验,以当地主栽品种云烟 87 为对照,开展大田对比试验。结果显示:NC102 的综合表现一般,虽然其抗病性强,但对肥料,特别是氮素营养较敏感,在大田管理上难以调控,下部叶的烘烤特性较难掌握，产量、产值、上等烟比例等均弱于当地主栽品种云烟87，因此还需深入试验进行优化验证。

因此，根据上述研究报道可知，NC102 在山东费县、河南许昌、云南昭通等地区综合表现较好，具有较高的推广应用价值；在四川泸州、贵州盘县（现盘州市）、江西瑞金、云南文山等地区综合表现一般，还需进一步试验验证；在湖南永州宁远地区综合表现较差，不建议进行推广种植。

（二）栽培技术研究

烤烟作为一种特殊的经济作物，其对氮素的需求较为敏感。氮素是所有营养元素中对烟叶品质影响最大的，也是烟碱的重要组成成分，对烟草的生长发育起着关键作用。当氮素供应适中时，烟草的农艺性状、经济性状及外观质量等综合表现较好，烟叶烟碱含量适宜，氮碱比协调，评吸质量较好。在一定范围内提高施氮量，还能增加烟叶产量和提高上等烟烟叶比例。但氮素供应不足或过多时，都会对烤烟生长造成较大的负面影响。比如，当氮素供应不足时，烟株生长缓慢，株茎矮小，节距短，叶片小，单位叶面积质量低；烟株中的蛋白质、核酸、磷脂等物质的合成受阻，叶面积减小、叶色发黄；严重缺氮时，下部叶呈淡棕色似火烧状，并逐渐干枯而死；调制后的叶片薄且轻，产量低，烟叶颜色淡或呈灰色，光滑并缺少理想的组织结构。当氮素供应过多时，烟株生长过旺，氮代谢过旺，成熟延迟，叶片大而深绿，脆而易断，会导致形成"黑暴烟"。此时烟叶内的含氮化合物增多，游离氨基酸含量高，调制后烟叶的组织粗糙疏松，叶色暗绿或呈青黄色，严重时呈褐色甚至黑色；烟叶中含糖量明显下降，烘烤后烟叶油分少，吸水力和保水力差，干燥易碎，吃味辛辣而青杂气重，香气质差，香气量少，有很强的刺激性。综上，各地对NC102、NC297 的施氮量标准和配方相差较大，许多专家学者进行了大量深入研究，在有针对性的试验、示范基础上科学确定最终的施肥方案。

张晓龙等在云南石林县通过试验不同配比的沃土有机肥和烤烟专用复合肥作底肥，基于烤烟生长、产量产值等数据，结合烟叶品质的感官评价结果，探讨了不同有机肥、无机肥配施对 NC102 的影响。结果表明：有机氮施用量占总施氮量 25.2%的处理稍优于 15.3%的处理，明显优于对照和其他肥料配比处理。因此，针对 NC102 的有机肥与无机肥配施措施，该研究建议有机氮占总氮量的 25.2%为较优配比。

敖金成等在云南石林县研究了腐殖酸生物有机肥占总氮量不同比例对 NC102 生长发育、产质量、内在品质及工业可用性的影响。研究结果表明：腐殖酸生物有机肥占总氮量的 30%~50%时，能有效促进 NC102 的生长发育，提高烟叶产质量、内在品质和致香物质含量，提高烟叶抽吸品质，明显增加烟叶香气量和改善烟叶吃味。其中以腐殖酸生物有机肥占总氮量 30%的处理对烟株生长发育及烟叶工业可用性影响较大，此条件下烟叶具有较高的使用价值，符合高端卷烟品牌对原料的需求特征。

郑传刚通过"3414"回归最优设计原理设置了烤烟肥效试验，研究了配方施肥对NC102农艺性状和产量质量的影响。试验结果显示：与对照相比，所有配方处理中以 $N_2P_2K_3$ 处理（施 N 90 kg/hm²、P_2O_5 90 kg/hm²、K_2O 337.5 kg/hm²）的烤烟在适宜产量范围内产量最高，达 2906.85 kg/hm²；二次回归分析数据表明，最佳施肥量为 N 72 kg/hm²、P_2O_5 76.95 kg/hm²、K_2O 337.5 kg/hm²。综合肥料间互作效应拟合的方程和最佳经济施肥量，以及攀枝花烟区当地农业生产实际和施肥经验，该研究建议推荐 NC102 的施肥量为 N 72～86 kg/hm²、P_2O_5 73～77 kg/hm²、K_2O 338～363 kg/hm²。

罗蔓等通过"3414"肥效试验，在四川米易县研究了氮磷钾施肥对NC102产量、叶绿素含量及净光合速率的影响。该研究发现各处理的产量相比对照均有显著提高。其中，当纯氮用量 5.22 kg/亩[①]、纯磷用量 4.26 kg/亩、纯钾用量 22.50 kg/亩时，烟叶产量最高可达 197.92 kg/亩。研究者综合分析认为：单一元素对产量的影响为氮肥最大，磷肥次之，钾肥最小。氮素、磷素与成熟期叶片叶绿素含量及净光合速率密切相关，适量施用氮肥及适量增施磷肥有利于烟叶正常落黄，但过量施用会导致烟株大量吸收氮素用于合成蛋白质、叶绿素和烟碱等，延长蛋白质代谢过程，营养生长期推迟，会降低烟叶质量；适量增施氮肥和钾肥有利于成熟期上部叶片的光合作用，促进上部叶片开片。

王文杰等从生育期时长、农艺性状、抗病性、原烟外观质量、经济性状等方面，考察了不同施氮量对 NC102 的影响。研究结果表明：在施用纯氮量为 82.5 kg/hm² 左右时，烟叶综合指标达到最好；在此基础上减少施氮量，烟叶产量会受到影响，植烟效益降低；若增加施氮量，虽然产量会升高，但是大田生育期将延迟，上部烟叶变厚、叶斑类病害上升，烟叶质量反而会下降。

宋战锋等以 NC102 为试验对象，在百色市德保县开展了施氮量梯度试验，共设置了 67.5、82.5、97.5、112.5、127.5（单位：kg/hm²）等五个梯度，分析了不同施氮量对生长发育和产质量的影响。试验发现：施氮量对 NC102 的生育期影响较小，对株高、茎围、节距和有效叶数有促进作用，对化学成分有一定的影响，如 B2F 的两糖含量和比例比较适宜，烟碱含量稍高，氮碱比、糖碱比、钾和氯含量整体稍低；而 C3F 和 X2F 的两糖含量、钾含量稍高，糖碱比较大，钾氯比较高。在感官评吸方面，施氮量各处理之间有一定的差异，但不显著，具体表现为三个部位的烟叶整体评分偏低，质量档次全部为中等偏上或中等。综合来看，112.5 kg/hm² 处理的产量、均价、产值最高，经济性状最好，为百色烟区种植 NC102 的推荐施氮量。

---

① 1 hm²=15 亩，本书考虑到行业习惯，大部分不作换算。

潘周云等为探索不同施肥量和密度对NC102的影响，在岑巩县天马镇开展了栽培试验。该试验分别对施氮量设置了 5.5、6.5 和 7.5（单位：kg/亩）三个梯度，对种植密度设置了 1000、1100 和 1200（单位：株/亩）三个梯度，对株距设置了 0.61、0.55 和 0.50（单位：m）三个梯度，开展了正交试验。试验结果显示：NC102 在施肥量为 6.5 kg/亩、种植密度为 1000～1100 株/亩、留叶数为 18～20 片/株的条件下，其农艺性状、产量、产值、均价、上等烟比例最高。同时，栽培过程中应及时打掉不适用低脚叶，以改善田间微环境，且在团棵期至旺长期时适当喷施磷酸二氢钾或波尔多液，结合营养调控和药剂防治，联合控制气候斑病发病率。

刘晨等在山东沂水县开展了施氮量和种植密度双因素试验，其中种植密度分别设置了 12 000、16 000 和 20 000（单位：株/hm^2）三个梯度，施氮量分别设置了 0、60、90 和 120（单位：kg/hm^2）四个梯度。研究发现：施氮量与种植密度对烤烟农艺性状、光合特性、烟叶化学成分和质量、经济性状和烟株氮素吸收与利用均有显著影响，在施氮量为 90 kg/hm^2、种植密度为 16 000 株/hm^2 条件下，NC102 各方面的品质表现均较好。

谭炳昱等采用田间试验的方法，研究了施氮量对 NC102 品种生长发育及产质量的影响。试验结果表明，施氮量对 NC102 品种的株高、叶面积、产量等均有显著影响。特别是在中等肥力（碱解氮 50～80 mg/kg）条件下，施氮量为 75 kg/hm^2 和 90 kg/hm^2 的处理明显好于 60 kg/hm^2 和 105 kg/hm^2 的处理，此条件下大田整齐度高，田间病害发生较轻，产值效益较高。其中，施氮量为 75 kg/hm^2 的均价及产值效益最高。从烤后烟叶化学成分来看，施氮量为 75 kg/hm^2 和 90 kg/hm^2 时，糖碱比更协调，更容易被卷烟工业企业接受。综合分析，施氮量为 75 kg/hm^2 时 NC102 品种的烟叶产质量最好。

烟草叶绿素是叶绿体中的质体色素，存在于烟草的叶和茎中，其含量的高低直接影响着烟草的光合作用，反映了烟草体内能量的传递转化及积累干物质的能力，并在一定程度上反映叶片的含氮水平及栽培技术措施的合理与否。

罗蔓等以 NC102 为试验材料，在四川米易县通过不同处理水平的氮、磷、钾肥效试验，研究配方施肥对烟草叶绿素含量的影响。结果表明：不同配方施肥处理对烟草叶绿素含量的影响极显著。当纯磷、纯钾施肥量为推荐施肥水平时，叶绿素含量随施氮量增加而上升，当施氮量为 135 kg/hm^2 时，叶绿素含量达最大值；当纯氮、纯磷施肥量为推荐施肥水平时，施钾量增加会导致叶片叶绿素含量上升，但当施钾量增加到 337.5 kg/hm^2 时，叶绿素含量明显下降，表明施钾量过大会导致叶绿素含量明显下降。从氮、磷、钾对叶绿素含量影响的主效应看，氮影响最大，其次为钾肥，再次为磷肥。

游堂贵等对云南省昭通市的 NC102、云烟 87、云烟 97、红花大金元及 K326 等 5 个主栽烤烟品种，在不同施氮水平下的田间发病情况进行了研究。结果表明：NC102

的烟草花叶病毒（TMV）发病最轻，马铃薯 Y 病毒（PVY）与两黑病未发生，但根结线虫病发病最重。不同施氮量对各主要病害发生的影响不尽相同，随施氮量增加，烟株烟草花叶病毒（TMV）发病程度有减轻趋势，气候斑点病有加重趋势，而根结线虫病、马铃薯 Y 病毒（PVY）和两黑病在各品种不同施氮量处理间无明显变化。

陈月舞等通过对 NC102、NC297、K326 和红花大金元 4 个烤烟品种分别采用有机和常规种植模式，探究了不同种植模式对不同品种生长发育和产质量的影响。研究结果表明：NC102、NC297 采用有机种植模式后，土壤中的速效氮、磷、钾、有机质含量均显著升高，pH 降低。研究者推测可能是在烟株根系、土壤以及有机肥的共同作用下，有机肥在分解过程中产生的有机酸，使土壤中部分难溶性钾、磷溶解，导致 pH 降低。同时，该研究还发现有机种植的 NC102、NC297 前期生长发育较常规种植缓慢，但是进入旺长期后生长发育明显快于常规种植，研究者推测可能是因为有机种植采用的是有机肥和天然矿钾粉、天然矿磷粉提供烤烟生长养分，肥效较慢，前期养分供应不足而导致烤烟生长缓慢，但进入旺长期后肥效开始显现，使得有机种植的烤烟田间长势优于常规种植。在产值方面，有机种植对 NC102、NC297 的产值量影响较常规种植没有显著性差异。

王志刚等对 NC102 烟株套袋免打顶技术进行了研究，以提高上部烟叶的可用性，减轻烟农的劳动强度，试验共设置了开花前套袋、刚现蕾套袋和正常打顶三个处理。结果显示：开花前套袋与刚现蕾套袋处理相比，烟杈较多、较长且生长速度较快，对烟杈的抑制效果较差；从产值和上等烟比例、上中等烟比例上看，刚现蕾套袋处理最低，正常打顶最高。因此，该研究建议在现蕾至开花之间套袋，此时效果最好。

罗云等针对轮作和连作对 NC102 和 NC297 烟叶品质的影响开展了研究，试验轮作和 3 年连作对 NC102 和 NC297 种植区域的土壤理化性状、养分及烟叶化学成分、感官质量和经济效益的影响。结果显示：连作 3 年后，土壤中碱解氮、速效磷、速效钾和有机质含量均下降，土壤酸化现象明显；与连作田相比，轮作田种植的 NC102 和 NC297 品种烟叶主要化学成分协调性、感官评吸质量及经济指标都更优。由此可见，轮作是提高 NC102 和 NC297 品种烟叶品质、保证烟农利益的重要耕作制度。

刘红光等在云南石林县进行了施氮量、株行距、留叶数、打顶时期（4 因素 3 个水平）对 NC102 产量、产值影响的正交试验，以摸索该品种高产配套的栽培技术。试验结果表明：施氮量、施氮量与株距互作对 NC102 产量的影响呈极显著关系，株距、留叶数的影响呈显著关系；施氮量、株距、施氮量与互作株距对产值的影响呈极显著关系，留叶数的影响呈显著关系；各因素对 NC102 产量与产值的影响程度依次为施氮量＞施氮量与株距互作＞株距＞留叶数。NC102 品种的田间最佳技术措施组合为施纯氮量 6.5 kg/亩、株距 0.6 m、留叶数 20 片/株、现蕾打顶。

后续，该研究团队为明确烤烟品种 NC102 与 NC297 的田间最佳采烤时期，还分别研究了 NC102 和 NC297 两个品种不同叶龄采烤对其上、中、下部位烟叶外观质量、等级结构、内在化学成分及感官质量的影响，以确定其田间最佳采收叶龄。研究结果表明：NC102品种的最佳采烤叶龄为下部烟叶57 d、中部烟叶71 d、上部烟叶92 d；NC297品种的最佳采烤叶龄为下部烟叶60 d、中部烟叶74 d、上部烟叶95 d。按上述叶龄采烤，烤后烟叶的外观质量较优，等级质量较高，杂色烟比例较小，内在化学成分协调，感官评吸质量最优。另外，该研究还发现随着叶龄的增大，下部烟叶、中部烟叶与上部烟叶的落黄程度与主支脉变白程度提高，茸毛脱落较多，成熟斑、焦尖与枯斑均增加；上中等烟比例先增大后降低，杂色烟比例先降低后增大。

周敏等在云南石林烟区利用$L_{27}(3_{13})$正交试验设计开展了NC102的配套栽培技术措施研究。结果表明，在本试验设置的施氮量、株行距、留叶数、打顶时期等4个处理因素中，施氮量是最主导因素，与刘红光的研究结果一致。通过对NC102的经济性状、内在化学成分和感官质量评价等性状的综合分析，该研究明确了当地NC102的最佳施氮量为7.0 kg/亩，株距为0.55~0.6 m，留叶数为20~22片/株，打顶时期为扣心打顶或开花打顶。

李青山等以NC102为试验对象，提出了一种新的判断烟叶成熟的量化指标，主要是通过研究不同成熟度鲜烟叶的高光谱特征参数、颜色特征、SPAD（土壤和植物仪器分析）值和常规化学成分含量的变化规律及其与成熟度的相关性，结合对不同成熟度鲜烟叶烤后烟质量进行综合评价，并通过烤后烟质量回判量化指标的范围，为准确判断鲜烟叶成熟提供了新的技术参考。通过该研究，烟叶的成熟度可通过测量分析色值（L、C、$H°$）、SPAD值、绿峰反射率和红边位置范围、叶绿素含量及丙二醛含量进行综合判断。

刘志飞等为了考察不同采收成熟度对云南寻甸烟区NC102和NC297烤后烟叶产质量的影响，在相同生产条件下从经济性状、外观质量和化学成分协调性等方面展开研究。研究结果表明：在经济性状方面，NC297和NC102的中部叶在当地大面积采收时间推迟6 d（封顶后26 d）采收最优，上部叶分别在当地大面积采收时间推迟14 d（封顶后54 d）和7 d（封顶后47 d）采收最优，此时单叶重、均价、产量、总产值、中上等烟比例较高；在外观质量方面，NC297和NC102的中部叶和上部叶均分别以封顶后26 d和47 d采收最优，其烤后青杂烟比例较低，且叶片结构疏松；在化学成分协调性方面，NC297中部叶和上部叶分别以封顶后20 d和54 d采收最协调，NC102中部叶和上部叶分别以封顶后26 d和47 d采收最协调。因此，该研究认为，NC297和NC102的中部叶应在封顶后26 d采收，NC297的上部叶应在封顶后54 d采收，NC102的上部叶应在封顶后47 d采收，上述处理有利于两个品种烟叶优良品质的形成。但是，烟叶采收时间一般受当地气候条件的影响较大，根据该研究确定的封顶采收时间实施难度大，且存在较大误差，难以形成成熟的采收标准。

针对此问题，该课题组还考察不同采收成熟度对NC102烤中和烤后烟叶色度参数值的影响，以准确掌握NC102成熟采收技术，具体是采用色差仪对不同成熟度的鲜烟叶、烤中烟叶及烤后烟叶的色度参数值（$L*$、$a*$、$b*$、$c*$、$h*$）进行测定，分析色度参数值随着不同采收时间的差异性变化。结果表明：鲜烟叶、烤中烟叶及烤后烟叶色度参数值随着不同采收时间变化而变化，且各部位烟叶的色差值表现出不同的差异性，因此烟叶的色差值可作为鉴别NC102成熟度的辅助指标来判断烟叶适宜采收时间。

杨洪雄等对NC102、NC297的配套栽培技术进行了总结：在轮作方面，NC102、NC297应避免与茄科作物连作，否则易导致土壤养分不均衡，使烟株对肥料的利用率下降而长势较差，且病虫害危害加重，尤其是山地烟的线虫危害加重，导致严重影响到烟株的生长发育和品质；在施肥方面，NC102与NC297较耐肥，氮肥用量与云烟87相当，但$m(N):m(K_2O)$需达到1:（2.5~3.0），且还要在旺长后期和现蕾期叶面喷施硫酸钾2~3次，能有效提高其产量、产值，在有条件的情况下，应施用腐熟农家肥或烟草专用有机肥，这对烟株还苗期的保水、促根有较好的效果，且能改良土壤结构；在盖膜栽培方面，海拔1900 m以下的种植区域，移栽后35~40 d内应揭膜提沟培土。种植在黏粒含量超过45%的土壤或海拔超过1900 m的烟区，可进行破膜培土，能有效地防止上部烟叶返青现象的发生；在封顶及留叶方面，NC102、NC297在现蕾初期封顶最宜，最适留叶数为20~22片/株，这样能有效解决NC297叶片偏薄和NC102上部叶不开片的问题。

（三）烘烤技术研究

烘烤是决定烟叶品质和工业可用性的关键环节，鲜烟叶需要通过适宜的烘烤技术加工才能呈现出较好的烟叶品质。尽管行业内外对烟叶的烘烤技术进行了大量研究，但由于对不同烤烟品种的烘烤特性了解不足，每年都会发生大量因烘烤工艺不适配而导致烟叶烤坏的现象，给烟农造成严重的经济损失。因此，针对不同烤烟品种研究配套的烘烤技术尤为重要。

朱先志等根据山东临沂烟区生态条件和优质特色原料需求，以烤烟上中部烟叶为试验对象，设置了三种成熟度，开展了NC102品种适宜成熟度试验研究。结果表明：NC102中部叶在8~9成黄、主脉变白1/2以上、支脉变白1/3以上时采收；上部叶在9~10成黄时采取一次性采收的方式，烤后烟叶经济效益最高，橘黄烟比例较高，所产出上等烟比例最高。烤烟烘烤特性是鲜烟叶在烘烤过程中所表现出来的自身固有的素质特点，如叶片组织的厚薄，烟叶含水量的多少，失水与变黄的快慢，保水能力的强弱，对高温的忍耐程度及变黄后定色的难易程度等。对烟叶烘烤特性的确认是进行烘烤操作和制定烘烤工艺的依据，品种不同其烘烤特性不同。因此，为掌握临沂地区NC102的烘烤特性，该团队还对成熟中部烟叶烘烤过程中的失水特性、变黄特性、定色特性，以及在暗箱条件下的变色特性、烤后烟叶外观质量开展了研究。结果表明：NC102 易烤性和耐烤性都比较理想，其中部叶失水特性好，变黄特性较好，定色特性好，烘烤特性好。

杨金彪等为改善 NC102 烤后烟叶的外观质量和内在品质，考察了变黄期干湿球温度对其烟叶品质的影响。研究发现，当变黄期干球温度设置为 40~42 ℃，湿球温度 38 ℃时，烤后烟叶的结构疏松，油分多，色度浓，呈橘黄色，外观质量最好，且化学成分趋于协调，上中等烟比例、均价最高，挂灰烟比例、杂色烟比例最低。

杨晓亮等分别对 NC102、NC297、云烟 97、K326、NC71 采用不同烘烤工艺进行烘烤，并应用主成分分析法综合分析评价了不同处理烤后烟叶的感官质量。研究发现，在 5 个烤烟品种中，除 NC102 品种在其当地烘烤工艺下评吸综合得分较高外，其余品种均表现为无规律状态。其中，NC297 经 K326 烘烤工艺烤后感官质量较好。该研究认为：NC102 与 NC297 通过设置较长变黄期和稍短定色期的烘烤工艺参数可提高其感官品质。随后，该研究团队还以云烟 97、K326、NC71、NC102 和 NC297 品种的中部叶为供试材料，分别使用安徽省宣城烟区当地云烟 97 和 NC297 的烘烤工艺进行烘烤，通过考察烤后烟叶的经济性状、化学成分和感官质量，分析了不同烤烟品种烟叶对不同烘烤工艺的品质响应差异。在当地云烟 97 烘烤工艺处理下，云烟 97 的均价最高，NC102、K326 的淀粉和叶绿素降解较充分，评吸得分以 K326 最高；在当地 NC297 烘烤工艺处理下，K326 的均价最高，NC297 的淀粉和叶绿素降解率及评吸得分均较高。该研究认为，NC102 和 NC297 对烘烤环境的变化较为敏感，不适合通过对其烘烤工艺进行较大的调整来进一步提高其淀粉和叶绿素降解率以及评吸质量。

NC102 的主要烘烤工艺技术措施：

（1）变黄期：装烟后关闭地洞，天窗打开 10%，烧火让气流上升，待气流上升到烤房顶部，关闭天窗。用 2~3 h 使干球温度上升至 30 ℃，干湿球温度差保持 1~2 ℃。然后以 1 ℃/h 的速度使干球温度上升至 35~36 ℃并稳温，干湿球温度差保持 1~2 ℃。待底台烟叶叶尖一成黄时，再以 1 ℃/h 的速度使干球温度上升至 38 ℃，并稳温，干湿球温度差保持 2~3 ℃，直到底台烟叶 7~9 成黄，叶片发软。干球温度再以 0.5 ℃/h 的速度上升到 40~42 ℃，并稳温，干湿球温度差保持 4~5 ℃，直到底台烟叶全黄，主脉发软，叶尖卷曲（小卷筒），此时可以逐渐打开天窗和地洞进行排湿，但要注意速度不能太快。

（2）定色期：干球温度以 0.5 ℃/h 的速度上升到 46~47 ℃，并稳温，湿球温度保持在 37~38 ℃，待底台烟叶进入大卷筒，顶台烟叶全黄，然后干球温度以 1 ℃/h 的速度上升到 54~55 ℃，并稳温，湿球温度保持在 39~40 ℃。

（3）干筋期：干球温度再以 1 ℃/h 的速度上升到 65~68 ℃，并稳温，湿球温度保持在 39~41 ℃，直至全炉烟叶干筋，最终干球温度不能超过 68 ℃。

(四）配套栽培技术的生产示范及应用推广

为明确 NC102、NC297 的适宜生态条件与配套生产技术要求，谢俊秋等在云南省昆明市、红河州分别开展了试验研究，总计取烟样 928 个，分别进行了内在化学成分分析、外观质量评价、感官质量评价和致香成分分析，从中筛选出了适宜种植 NC102、NC297 的生态区域及气候条件，并对两个品种在适宜生态条件下的烟叶质量进行了评价。试验发现，NC102 最适种植的生态条件为：海拔范围为 1600～2000 m，土壤类型为红壤和水稻土，土壤质地为砂土、壤土、黏土；大田期均温 20.4 ℃左右，降雨量 636 mm 左右，日照时长 727 h 左右。在上述条件下，NC102 内在化学成分含量适中，比例协调，感官质量较好。NC102 适宜的栽培技术为：在中等土壤肥力条件下亩施纯氮量 6.5 kg，株距 0.6 米，留叶数 22 片，现蕾打顶。

（五）烟叶品质特色研究

梁荣等以云南宣威地区的云烟 85、云烟 87、云烟 97、红花大金元、中烟 100、NC102 为试验对象，对烤后中部烟叶样品常规化学成分和感官质量指标进行了研究。结果发现：NC102 的烟叶总糖、还原糖的含量最低，其糖碱比和氮碱比最小，烟碱含量最高，钾、氯的含量均较低。NC102 的评吸总分与总氮、烟碱呈显著负相关，与糖碱比、氮碱比呈显著正相关，总体感官评吸品质与云烟 85、云烟 87、云烟 97 相当，弱于红花大金元和中烟 100。

二、NC297 品种

（一）适宜种植区域的研究

张启莉等以云烟 87 为对照，在广元市剑阁县、旺苍县、昭化区对 NC297 的农艺性状、病虫害发生情况、经济性状、烤后烟叶常规化学成分进行了研究，明确了 NC297 在广元市主要烟区的生态适应性。结果显示：在农艺性状方面，3 个县区 NC297 的株高、叶片数、都高于云烟 87，但是旺苍县 NC297 的叶面积较小；在病害发生情况方面，剑阁县和昭化区 NC297 与云烟 87 无显著差异，而旺苍县 NC297 的病害发生情况比云烟 87 稍高；在烤后烟叶外观和经济效益方面，3 个县区 NC297 都弱于云烟 87；常规化学成分方面，3 个县区 NC297 的中部烟叶内在化学成分比云烟 87 稍好。该研究认为，在 3 个试验点，NC297 虽然在农艺性状方面表现出一定的优势，但烟叶外观质量和经济效益均较差，因此不建议在广元市进一步示范推广。

曹佩帅等选取 NC297、NC71、CZ43、湘烟 4 号、粤烟 98 烤烟品种，在湖南郴州嘉禾地区进行区域试验,基于大田烟株及烤后烟叶的生理生化、干物质累积、抗病性、经济性状和品质等指标,综合筛选出适应嘉禾生态条件的烤烟新品种。研究发现:各参试烤烟品种中,CZ43 和 NC71 在亩产量、亩产值、中上等烟比例三个方面,均表现出较高的地点互作效应,方差及变异度小,并且回归系数小于1,说明在丰产的同时稳定性也高,表现出了较好的生态适应性,推广利用的价值高。粤烟 98 在各方面表现都不理想,NC297、湘烟 4 号均表现一般,较对照没有明显优势或劣势。

邵红英等为研究 NC297、NC55、LY2829、CC27、LJ237 和 LJ981 烤烟品种在黑龙江烟区的栽培适应性,考察了不同品种的株高、叶片数、叶片长度和宽度、烟叶产量及品质的变化情况。结果表明:NC297 成熟期株高最高,叶片数最多,叶片长度最长,叶片宽度较宽,化学成分较协调,产量比 LJ237 提高了 990 kg/hm^2。该研究认为,NC297 在黑龙江烟区有较高的推广价值。

崔海志等选取烤烟品种 NC297 和 CC27 进行栽培适应性试验,以当地主栽品种 LJ981 为对照,考察其在黑龙江烟区的适应性。通过 2018 年和 2019 年连续两年品种比较试验发现,3 个品种株高在伸根期处于同一水平,平顶期 CC27 株高显著高于 LJ981;叶片长度在伸根期 3 个品种之间无显著差异,平顶期 CC27 低于 LJ981;叶片宽度在伸根期 3 个品种之间无显著差异,2019 年 CC27 叶片宽度显著高于 LJ981;CC27 与 LJ981 相比显著提高了叶片数量,NC297 不同年份差异较大;2018 年,CC27 产量显著高于 LJ981 和 NC297;2019 年则表现为 NC297 显著高于 CC27,这进一步凸显了 NC297 和 CC27 在农艺性状和产量上稳定性差的特点。通过该研究认为云烟 116 可推荐进行大面积示范推广,同时 NC297 也可适当开展一定面积的试验示范。

孔明等为研究烤烟品种 NC297 和云烟 116 在楚雄烟区的适应性,以 K326 为对照,以云南楚雄市东华镇为试验地点开展试验,调查分析了不同烤烟品种的生育期、植物学性状、农艺性状、经济性状、病害发生情况及烤后烟叶化学成分。研究发现:从生育期时长来看,NC297 最长,K326 稍短,云烟 116 最短;从植物学性状看,云烟 116 整体表现最优,且具有较强的抗旱能力;在农艺性状方面,云烟 116 的株高、最大叶长、最大叶宽表现最佳,NC297 的茎围最大,K326 的有效叶片数最多;病害调查结果显示,云烟 116 对气候性斑点病、野火病的抗性最强,K326 可有效降低青枯病病情指数,NC297 对赤星病、炭疽病的抗性最强;NC297 与云烟 116 的化学成分协调性均优于对照,其中又以 NC297 更优。因此,该研究认为云烟 116 的多项经济性状、品质指标均优于 NC297 和 K326,推荐其作为主栽品种进行大面积示范推广。

王正旭等为明确玉溪峨山生态条件下适宜种植的烤烟品种,对 NC297、K326、云烟 116 初烤烟叶的外观质量、化学成分、感官质量和烟叶致香成分含量进行了深入研究。结果表明:NC297 的外观质量表现最好,中上部烟叶整体均优于其他 2 个品种;化学成分方面,NC297 品种上部烟叶烟碱偏高,达到 4.26%,呈现糖低碱高的现象,与其他两个品种差异显著,云烟 116 和 NC297 氮碱协调性较 K326 稍差;

感官质量方面，NC297 稍弱于 K326，但优于云烟 116；从致香成分含量来看，K326 致香成分总量高于其他 2 个品种，且几个关键的致香成分，如巨豆三烯酮、β-大马酮、苯乙醇、苯甲醇、糠醇、糠醛和金合欢基丙酮均较高。因此该研究建议，在玉溪峨山生态条件下，虽然 NC297 外观质量较好，但是内在品质稍弱，在生产上要以提高内在品质为主。

周敏等为研究 NC297 在云南烟区的合理布局，通过主成分分析和聚类分析，对 NC297 在云南省昆明市、红河州和文山州等 31 个种植区域按烟叶品质进行了划分。研究显示：31 个种植区域的 B2F 和 C3F 烟叶样品按烟叶品质从高到低可分为五类，第 1 类综合品质好，包括砚山干河、广南莲城和西畴西洒等 13 个种植区域；第 2 类综合品质较好，包括砚山盘龙、砚山者腊和马关大栗树等 10 个种植区域；第 3 类综合品质中等，包括宜良马街、嵩明嵩阳和泸西中枢等 11 个种植区域；第 4 类综合品质稍差，包括泸西金马、嵩明杨林和石林鹿阜等 8 个种植区域；第 5 类综合品质差，包括蒙自西北勒、泸西永宁和蒙自老寨等 6 个种植区域。

因此，根据上述研究报道可知，NC297 在四川泸州、云南玉溪峨山、文山砚山干河、广南莲城和西畴西洒等地区综合表现较好，具有较高的推广价值；在河南许昌、湖南郴州嘉禾、云南楚雄东华等地区综合表现中等，可适当开展一定规模的示范试验；在黑龙江地区的表现不稳定，还需进一步试验验证；在湖南宁远、四川广元等地表现较差，不建议进行推广。

（二）栽培技术研究

彭桃军等为考察不同的施氮水平对 NC297 生长发育、产量及质量的影响，对江西吉安烟区的 NC297 进行了不同梯度的施氮量田间试验。结果表明：NC297 表现出前期长势慢，后期长势旺的特点，因此对该品种的施肥需根据该特点做出适当调整，否则易导致成熟期肥力过剩，烟叶难成熟落黄。不同施肥处理对 NC297 生育前期农艺性状无明显影响，但在中后期后，增施和减施氮肥差异性明显。增施 15% 施氮量烟株在大田期间均表现较强的长势，烟株生长旺盛，落黄较慢，减少 15% 施氮量使烟叶在生育中后期干物质积累逐渐低于其他处理，但烟株落黄较快；减少 10% 施氮量烟株在整个生育期表现均处于适中水平，生长势较强，成熟落黄正常。增加或减少施氮量对 NC297 的生长影响明显；各处理中，比常规施氮量降低 10%（121 kg/hm^2）的处理，烟株在整个生育期长势良好，成熟落黄正常，内在化学成分较为协调，评吸质量较好，有利于提高烟叶的整体质量水平。

曹跃强等研究发现，NC297 在川南烟区烟叶产量随施氮水平的提高而增加，以 T5 处理（施氮量为 120 kg/hm^2，基追肥比为 3∶7）最高；上、中等烟比例则随施氮水平的提高而先增后减，以 T3 处理（施氮量为 75 kg/hm^2，基追肥比为 3∶7）最高；

氮肥水平对烟叶常规化学成分的影响因烟叶着生部位而异，总体以 T3 处理较适宜，致香成分的含量亦是如此；而产值和经济效益也随施氮水平的提高而先增后减，以 T3 处理最高。因此，在该试验条件下，NC297 高产、优质、高效的适宜施氮量为 75 kg/hm^2，基追肥比为 3∶7。

曾航等对 NC297 在四川广元烟区开展了适宜施氮量、移栽期、种植密度及留叶数田间试验，并研究了其烘烤特性。结果发现：氮肥对 NC297 的农艺性状、主要化学成分、产量及上等烟比例影响权重相对较大，均超过 0.05。随着施氮量的增加，NC297 的植株发育、产质量均增加，以施氮量为 90 kg/hm^2 时，烟叶产质量较优。在种植密度方面，16 500 株/hm^2 处理更能促进烤烟大田生长发育，其株高、茎围及叶面积相比 19 500 株/hm^2 处理更具有优势，而且产质量更好。在留叶数方面，留叶数 17 片/株、19 片/株及 21 片/株三个处理在小区产量及中上等烟比例方面没有显著差异，烟株的发育以留叶数 21 片/株处理更好。三个处理的总糖、还原糖、总氮及烟碱的含量较为适宜，钾和氯的含量偏低，化学成分的协调性有待进一步的提高。在烘烤特性方面，NC297 叶片的总含水量及上部叶束缚水含量均较云烟 87 高，鲜干值比较大。其叶片的变黄过程与云烟 87 类似，变黄较快，且黄色保持的时间均较长。NC297 叶片色素的降解快于云烟 87，且其类胡萝卜素的含量低于云烟 87。NC297 叶片的多酚氧化酶活性在进入暗箱后 36 h 出现高峰，比云烟 87 晚 24 h，可能对定色有不利的影响。最后，该试验还在剑阁、昭化及旺苍开展了 NC297 小面积生产示范，结果表明剑阁示范点 NC297 的烟株发育、产量、产值、均价、化学成分的协调性以及感官质量评吸得分方面，均好于昭化及旺苍示范点。

谢新乔等以 NC297 为试验材料，采用大田小区随机区组设计，对不同供钾水平下硼肥对 NC297 生长发育和综合品质的影响进行了研究。结果显示：叶面喷施硼肥，能在一定程度上促进 NC297 的生长，并有效降低烟气的总粒相物和焦油含量，对总糖、还原糖、烟碱和钾元素含量有积极的调控作用。当中钾水平施硼处理，NC297 综合品质最优。

（三）烘烤技术研究

张警予等在安徽省宣城市黄渡乡，分别比较了 NC297、云烟 97、NC55、NC71、NC102 和 K326 等 6 个烤烟品种在成熟过程、暗箱条件、烘烤过程和烘烤结束后等不同阶段的含水率、化学成分、等级结构、外观质量和感官质量等指标间的关系，以明确不同烤烟品种烘烤特性的差异，优化烘烤工艺。研究发现：在暗箱条件下，6 个烤烟品种的叶片和主脉含水率，均随着暗箱时间的增加逐渐降低，其中 NC297 中部叶叶片和主脉含水率下降最快；在烘烤过程中，6 个烤烟品种叶片和主脉的水率，均随着烘烤时间的增加而逐渐降低。其中 NC297 在低湿变黄（相对湿度 83%～79%）、慢速升温定色（0.5 ℃/h）处理条件下，失水速度较慢，颜色值和 SPAD 值变化幅度略小；烘烤结束后，NC297 在中湿变黄（相对湿度 89%～85%）、中速升温定色（0.7 ℃/h）处理条件下的外观质量、感官质量和化学成分协调性较好。因此，该研究认为 NC297 较适应高湿变黄、慢速升温定色的烘烤条件，应适当减缓定色时升温的速度，防止出现烤糟的情况。

NC297 的主要烘烤工艺技术措施：

（1）变黄期：装烟后关闭地洞，天窗打开 10%，烧火让气流上升，待气流上升到烤房顶部，关闭天窗。用 2～3 h 使干球温度上升至 30 ℃，干湿球温度差保持 1～2 ℃，注意缩短干球温度 33 ℃以前烟叶的变黄时间。然后以 1 ℃/h 的速度使干球温度上升至 35～36 ℃，并稳温，干湿球温度差保持 1～2 ℃。待底台烟叶叶尖一成黄时，再以 1 ℃/h 的速度使干球温度上升至 38 ℃，并稳温，干湿球温度差保持 2～3 ℃，直到底台烟叶 7～9 成黄，叶片发软；此时应延长 36～39 ℃的变黄时间，让底台 95%以上的烟叶 42 ℃之前达到叶片全黄，小筋变白，主脉变黄。干球温度再以 0.5 ℃/h 的速度上升到 40～42 ℃，并稳温，干湿球温度差保持 4～5 ℃，直到底台烟叶全黄，主脉发软，叶尖卷曲（小卷筒），此时可以逐渐打开天窗和地洞进行排湿，但要注意速度不能太快。

（2）定色期：干球温度以 0.5 ℃/h 的速度上升到 46～47 ℃，并稳温，湿球温度保持在 37～38 ℃，底台 80%的烟叶在干球温度 46 ℃条件下干燥 1/2 左右，外观上达到小卷筒；然后干球温度以 1 ℃/h 的速度上升到 54～55 ℃，并稳温，湿球温度保持在 39～40 ℃。底台烟叶进入大卷筒，顶台烟叶达到小卷筒、全黄。

（3）干筋期：干球温度再以 1 ℃/h 的速度上升到 65～68 ℃，并稳温，湿球温度保持在 39～41 ℃，直至全炉烟叶干筋，最终干球温度不能超过 68 ℃，并尽量缩短 68 ℃高温干筋时间。

（四）配套栽培技术的生产示范及应用推广

谢俊秋等对云南地区 NC297 最适种植的生态条件总结为：海拔范围为 1800～2000 m，土壤类型为红壤和水稻土，土壤质地为砂土、壤土；大田期均温 19.2～21.5 ℃，降雨量 576～670 mm，日照时长 507～694 h，此条件下 NC297 内在化学成分含量适中，比例基本协调，感官质量较好。NC297 适宜的栽培条件为：在中等土壤肥力条件下亩施纯氮量 7.0 kg，株距 0.6 m，留叶数 24 片/株，扣心-现蕾打顶。

第二章

烟叶关键生产技术

烟草作为一种经济作物，对生长环境和条件等方面有较高要求，要想获得较好质量的烟叶，需要从烟草生长发育特点出发，合理选择烟草品种适宜的生态区域和相应的栽培技术措施，并加强田间管理，解决种植中遇到的问题，如营养不均衡、田间病虫害等。因此，为达到获得较高烟叶质量的目的，本章主要从 NC102 和 NC297 合理的群体结构、氮素营养、生态适应性等方面阐述试验过程和结论，以期为 NC102 和 NC297 的栽培种植提供技术参考。

第一节　烟叶群体结构调控技术

一、烟叶群体结构调控对 NC102 品种烟叶质量的影响

（一）试验地点

试验地点位于大理州的漾濞县漾红镇、永平县博南镇和南涧县南河镇。漾红镇试验地点的海拔为 1680 m，位于东经 99.93°、北纬 25.74°；博南镇试验地点的海拔为 1560 m，位于东经 99.53°、北纬 25.43°；南河镇试验地点的海拔为 1802 m，位于东经 100.58°、北纬 25.03°。

试验地土壤均为沙壤土，田块土壤肥力中等，前茬作物均为油菜。土壤理化性状见表 2-1。

表 2-1　试验点土壤理化性状

地点	pH	有机质/（g·kg^{-1}）	碱解氮/（mg·kg^{-1}）	速效磷/（mg·kg^{-1}）	速效钾/（mg·kg^{-1}）
漾濞	6.5	26.08	105.0	34.25	213.0
永平	6.8	27.53	110.0	35.16	210.0
南涧	6.5	24.98	112.0	39.84	198.0

（二）试验设计

在株行距为 120 cm×60 cm 的基础上，设置不同留叶数来调整烟株的群体结构。参试品种 NC102，田间试验设有 3 个处理，并随机重复 3 次，随机区组排列。处理

1：留叶数为 20 片/株；处理 2：留叶数为 22 片/株；处理 3：留叶数为 24 片/株。各处理除留叶数不同外，其余生产技术措施一致。分析不同处理的烟叶质量，从而确定 NC102 品种最适宜的留叶数。

（三）检测项目及方法

1. 烟叶农艺性状调查

按照现行行业标准《烟草农艺性状调查测量方法》（YC/T 142—2010）进行调查和记载。

2. 烟叶外观质量和经济性状分析

初烤烟叶按照现行国家标准《烤烟》（GB 2635—92）进行分级，并按照试验年度产区的收购价格计算经济效益。

3. 烟叶常规化学成分测定

按照现行业标准《烟草及烟草制品　水溶性糖的测定　连续流动法》（YC/T 159—2002）、《烟草及烟草制品　总植物碱的测定　连续流动法》（YC/T 160—2002）、《烟草及烟草制品　总氮的测定　连续流动法》（YC/T 161—2002）、《烟草及烟草制品　氯的测定　连续流动法》（YC/T 162—2011）、《烟草及烟草制品　钾的测定　火焰光度法》（YC/T 173—2003）对初烤烟叶进行测定。

4. 烟叶感官质量评价

按照云南中烟单体烟感官质量企业标准进行评价。

5. 数据分析工具

采用 Excel 2016 对试验数据进行统计分析。

（四）数据分析

1. 主要生育期

不同试验区域的移栽时间相同，但是大田生育期有差异，永平试验点的大田生育期最短，其次是漾濞，最长是南涧，见表 2-2；处理间的大田生育期有差异，留叶数增加后生育期也随之增长。

表 2-2 不同处理的主要生育期

地点	处理	移栽期（月/日）	移栽至现蕾天数/d	移栽至中心花开放天数/d	移栽至脚叶成熟天数/d	移栽至顶叶成熟天数/d	大田生育期天数/d
漾濞	1	4/24	57	67	75	116	121
漾濞	2	4/24	58	68	76	117	122
漾濞	3	4/24	59	69	77	119	124
永平	1	4/24	54	64	74	114	119
永平	2	4/24	56	66	76	116	120
永平	3	4/24	57	69	78	119	121
南涧	1	4/24	57	68	76	118	122
南涧	2	4/24	57	69	78	120	124
南涧	3	4/24	57	71	79	121	125

2. 主要植物学性状

NC102 品种在不同试验区域和不同处理下均表现为相同的株型、叶型和茎叶角度等，仅叶色和主脉粗细略有差异，表现为群体结构调控对烟叶的主要植物学性状无明显影响，见表 2-3。

表 2-3 不同处理的主要植物学性状

地点	处理	株型	叶形	叶色	茎叶角度	主脉粗细	田间整齐度	成熟特性
漾濞	1	塔形	长椭圆	深绿	中等	中等	整齐	分层落黄
漾濞	2	塔形	长椭圆	绿	中等	粗	整齐	分层落黄
漾濞	3	塔形	长椭圆	绿	中等	粗	整齐	分层落黄
永平	1	塔形	长椭圆	深绿	中等	中等	整齐	分层落黄
永平	2	塔形	长椭圆	绿	中等	粗	整齐	分层落黄
永平	3	塔形	长椭圆	绿	中等	粗	整齐	分层落黄
南涧	1	塔形	长椭圆	深绿	中等	中等	整齐	分层落黄
南涧	2	塔形	长椭圆	绿	中等	粗	整齐	分层落黄
南涧	3	塔形	长椭圆	绿	中等	粗	整齐	分层落黄

3. 主要农艺性状

不同处理的打顶株高在 3 个试验点的表现均为处理间有显著差异；处理间的留叶数有显著差异；漾濞试验点处理间的节距无显著差异，其余试验点有显著差异；

处理间的腰叶长和宽在差异性方面无明显规律,见表2-4。综合分析认为,随着留叶数的增加,烟叶的打顶株高和节距增大,茎围减小。

表2-4 不同处理的主要农艺性状

地点	处理	打顶株高/cm	留叶数/(片·株$^{-1}$)	茎围/cm	节距/cm	腰叶长/cm	腰叶宽/cm
漾濞	1	113.4a	20.0a	10.5a	5.7a	75.4a	31.5a
	2	127.2b	22.0b	9.8ab	5.8a	73.1a	30.1a
	3	142.6c	24.0c	9.1b	5.9a	70.4b	30.8a
永平	1	110.9a	20.0a	10.0a	5.5a	77.9a	32.1a
	2	125.7b	22.0b	8.8a	5.7ab	74.1a	30.3a
	3	144.9c	24.0c	9.1a	6.0b	73.4a	30.7a
南涧	1	111.6a	20.0a	11.0a	5.6a	81.2a	33.5a
	2	135.7ab	22.0b	10.5a	6.2b	76.1ab	31.4a
	3	153.5b	24.0c	9.2a	6.4c	75.2b	a

注:表中同列不同小写字母表示处理间差异显著($P<0.05$),下同。

4. 田间发病率

不同试验区域几乎没有根结线虫病发病,发病较重的为漾濞和南涧点的气候性斑点病。综合分析认为,随着留叶数的增加,烟叶的叶面病害略有增加,见表2-5。

表2-5 不同处理的田间发病率(%)

地点	处理	TMV	赤星病	青枯病	黑胫病	气候性斑点病	根结线虫病
漾濞	1	1.6	0.5	1.8	1.8	3.5	—
	2	1.0	0.6	2.3	2.1	3.0	—
	3	2.0	1.0	1.6	2.9	3.9	—
永平	1	1.9	1.0	2.1	0.6	1.9	0.1
	2	2.5	1.2	2.6	0.5	1.5	
	3	2.6	0.9	1.9	0.1	1.6	
南涧	1	0.6	0.6	2.5	2.0	3.5	
	2	1.0	0.9	2.3	1.0	4.3	
	3	1.2	1.0	2.6	2.6	3.9	—

5. 烟叶主要经济效益

从不同试验点的数据(表2-6)可看出,随着留叶数的增加,亩产量随之提高,亩产值表现为处理2和处理3明显高于处理1，处理3的亩产值略高于处理2，但差异不明显；均价和中上等烟比例的表现一致，均为处理2最高，处理1和处理3接近。综合分析认为，留叶数在处理2和处理3之间即22~24片/株时，能获得较好的经济效益。

表 2-6　不同处理的主要经济效益

地点	处理	亩产量/kg	亩产值/元	均价/（元·kg^{-1}）	中上等烟比例/%
漾濞	1	123.51a	4557.52a	36.90a	68.99a
	2	133.12ab	5018.62ab	37.70a	71.08a
	3	138.29b	5089.07b	36.20b	60.46b
永平	1	124.27a	4437.68a	35.71a	68.68a
	2	129.43ab	4918.34ab	38.00a	72.34a
	3	134.0 b	4974.08b	37.12b	60.87b
南涧	1	128.43a	4685.13a	36.48a	70.36a
	2	133.60ab	5056.28b	38.00a	73.91a
	3	140.37b	5200.71b	37.05b	62.27b

6. 烟叶外观质量

选取中部烟叶进行分析，不同处理的烟叶外观质量在不同区域的表现较为一致，处理2和处理3叶片结构疏松，处理1为尚疏松；处理1的身份稍厚，处理2适中，处理3稍薄；处理1和处理2的油分多，处理3中等；3个处理的成熟度和色度表现均相同，见表2-7。综合分析认为，随着留叶数增加，叶片身份逐渐变薄，油分从多至中等。

表 2-7　不同处理的烟叶外观质量

地点	处理	成熟度	叶片结构	身份	油分	色度
漾濞	1	成熟	尚疏松	稍厚	多	强
	2	成熟	疏松	适中	多	强
	3	成熟	疏松	稍薄	中等	强
永平	1	成熟	尚疏松	稍厚	多	强
	2	成熟	疏松	适中	多	强
	3	成熟	疏松	稍薄	中等	强
南涧	1	成熟	尚疏松	稍厚	多	强
	2	成熟	疏松	适中	多	强
	3	成熟	疏松	稍薄	中等	强

7. 烟叶常规化学成分

选取中部 C3F 等级烟叶进行分析，不同处理的烟叶烟碱含量在不同区域的表现较为一致，以处理 1 最高，其次是处理 2，最低是处理 3；总糖和还原糖含量表现为处理 2 最高，处理 3 略低于处理 2，最低是处理 1；总氮是处理 1 最高，其次是处理 2，最低是处理 3；钾含量最高是处理 2，处理 1 和处理 3 接近，见表 2-8。说明随着留叶数增加，烟叶烟碱含量随之下降，总氮也随之下降。

表 2-8 不同处理的烟叶常规化学成分（%）

地点	处理	烟碱	总糖	还原糖	总氮	钾	氯
漾濞	1	2.83	30.59	21.43	2.05	1.99	0.36
	2	2.57	35.67	24.67	1.68	2.34	0.40
	3	2.27	34.00	23.95	1.54	2.03	0.31
永平	1	3.01	31.21	20.56	1.81	1.91	0.45
	2	2.75	36.63	27.43	1.74	2.14	0.56
	3	2.43	34.59	26.08	1.63	2.03	0.50
南涧	1	2.90	30.84	21.49	1.99	2.27	0.31
	2	2.43	37.42	26.37	1.74	2.51	0.38
	3	2.35	34.62	24.55	1.65	2.19	0.37

8. 烟叶感官质量

选取不同处理的 C3F 烟叶进行感官质量评价，3 个试验区域均显示，烟叶感官质量由高至低为：处理 2、处理 1、处理 3。

处理 1（留叶数为 20 片/株），烟气虽然有清甜香，但烟气较空；处理 2（留叶数为 22 片/株），烟气有清甜香，烟气柔绵细腻感较好，焦枯感较处理 3（留叶数 24 片/株）明显下降，口感特性尚可；处理 3（留叶数为 24 片/株），烟气劲头集中，粉焦气息较明显。

综合分析认为，在留叶数 22 片/株时烟叶感官质量最高，其次是留叶数 20 片/株，留叶数 24 片/株最差，即在留叶数为 20~22 片/株时，能获得较高的烟叶感官质量。

（五）讨论和结论

以往对烤烟留叶数的研究都表明，当株距和行距不变时，留叶数过少会降低产量，不但上部烟叶大而肥厚，品质下降，而且中下部烟叶也会因顶叶遮蔽而降低品质，烤后烟叶烟碱含量、叶片大小和厚度都会有所增加；留叶数过多，顶叶瘦小，也会降低烟叶品质。所以，留叶数量要根据品种特性及田间实际情况来确定。

云南省内的红花大金元品种留叶数一般在 18~20 片/株，K326 品种一般在 20~22 片/株，云烟 87 一般在 18~20 片/株，NC102 为半多叶型品种，从本次试验中发现，随着留叶数增加，烟株的生育期变长，同时株高、距也变大，田间病害如普通花叶病、黑胫病等也有一定程度的提高；烟叶亩产量也有所提高，在留叶数为 24 片/株时经济效益最高，但均价和中上等烟比例的最高值是当留叶数为 22 片/株时。

在中部烟叶的初烤烟叶外观质量方面，随留叶数增加烟叶身份变薄，油分由多变中等，总体外观质量下降明显；在烟叶常规化学成分方面，随着留叶数增加，烟叶烟碱和总氮含量随之下降；在烟叶感官质量方面，随着留叶数增加，初烤烟叶感官质量呈现先上升再降低的趋势，留叶数 20 片/株时烟叶感官质量中等，留叶数 22 片/株时最好，留叶数 24 片/株最差。通过对本试验数据的综合分析，认为 NC102 品种的留叶数在 20~22 片/株较为适宜。

二、烟叶群体结构调控对 NC297 品种烟叶质量的影响

（一）试验地点

试验地点位于大理州的漾濞县漾红镇、永平县博南镇和南涧县南河镇。漾红镇试验地点的海拔为 1680 m，位于东经 99.93°、北纬 25.74°；博南镇试验地点的海拔为 1560 m，位于东经 99.53°、北纬 25.43°；南河镇试验地点的海拔为 1802 m，位于东经 100.58°、北纬 25.03°。

试验地土壤均为沙壤土，田块土壤肥力中等，前茬作物均为油菜。土壤理化性状见表 2-9。

表 2-9　试验点土壤理化性状

地点	pH	有机质/（g·kg^{-1}）	碱解氮/（mg·kg^{-1}）	速效磷/（mg·kg^{-1}）	速效钾/（mg·kg^{-1}）
漾濞	6.5	26.08	105.0	34.25	213.0
永平	6.8	27.53	110.0	35.16	210.0
南涧	6.5	24.98	112.0	39.84	198.0

（二）试验设计

参试品种 NC297，田间试验设有 3 个处理，并随机重复 3 次，随机区组排列。处理 1：留叶数为 20 片/株；处理 2：留叶数为 22 片/株；处理 3：留叶数为 24 片/株。各处理除留叶数不同外，其余生产技术措施一致。

(三)检测项目及方法

1. 烟叶农艺性状调查

按照现行行业标准《烟草农艺性状调查测量方法》(YC/T 142—2010)进行调查和记载。

2. 烟叶外观质量和经济性状分析

初烤烟叶按照现行国家标准《烤烟》(GB 2635—1992)进行分级,并按照试验年度产区的收购价格计算经济效益。

3. 烟叶常规化学成分测定

按照现行业标准《烟草及烟草制品 水溶性糖的测定 连续流动法》(YC/T 159—2002)、《烟草及烟草制品 总植物碱的测定 连续流动法》(YC/T 160—2002)、《烟草及烟草制品 总氮的测定 连续流动法》(YC/T 161—2002)、《烟草及烟草制品 氯的测定 连续流动法》(YC/T 162—2011)、《烟草及烟草制品 钾的测定 火焰光度法》(YC/T 173—2003)对初烤烟叶进行测定。

4. 烟叶感官质量评价

按照云南中烟单体烟感官质量企业标准进行评价。

5. 数据分析工具

采用 Excel 2016 对试验数据进行统计分析。

(四)数据分析

1. 主要生育期

不同试验区域的移栽时间相同,但是大田生育期有差异,永平试验点的大田生育期最短,其次是漾濞,最晚是南涧;处理间的大田生育期有差异,留叶数增加后生育期也随之增长,见表 2-10。

2. 主要植物学性状

NC297 品种在不同试验区域和不同处理均表现为相同的株型、叶型和茎叶角度等,仅叶色和主脉粗细有差异,见表 2-11。

表 2-10 不同处理的主要生育期

地点	处理	移栽期（月/日）	移栽至现蕾天数/d	移栽至中心花开放天数/d	移栽至脚叶成熟天数/d	移栽至顶叶成熟天数/d	大田生育期天数/d
漾濞	1	4/24	56	65	75	115	120
漾濞	2	4/24	57	67	76	116	122
漾濞	3	4/24	58	68	77	118	123
永平	1	4/24	54	65	75	113	118
永平	2	4/24	55	66	76	115	120
永平	3	4/24	56	68	78	117	121
南涧	1	4/24	56	67	75	116	121
南涧	2	4/24	57	69	77	118	123
南涧	3	4/24	57	70	78	120	125

表 2-11 不同处理的主要植物学性状

地点	处理	株型	叶形	叶色	茎叶角度	主脉粗细	田间整齐度	成熟特性
漾濞	1	塔形	长椭圆	浅绿	中等	中等	整齐	分层落黄
漾濞	2	塔形	长椭圆	绿	中等	粗	整齐	分层落黄
漾濞	3	塔形	长椭圆	绿	中等	粗	整齐	分层落黄
永平	1	塔形	长椭圆	浅绿	中等	中等	整齐	分层落黄
永平	2	塔形	长椭圆	绿	中等	中等	整齐	分层落黄
永平	3	塔形	长椭圆	绿	中等	粗	整齐	分层落黄
南涧	1	塔形	长椭圆	浅绿	中等	中等	整齐	分层落黄
南涧	2	塔形	长椭圆	绿	中等	中等	整齐	分层落黄
南涧	3	塔形	长椭圆	绿	中等	粗	整齐	分层落黄

3. 主要农艺性状

不同处理的打顶株高在 3 个试验点的表现均为处理间有显著差异；处理间的有效叶片有显著差异；处理间的茎围、节距、腰叶长和宽在差异性方面无规律，见表 2-12。综合分析认为，随着留叶数的增加，烟叶的打顶株高和节距增大，茎围减小。

表 2-12 不同处理的主要农艺性状

地点	处理	打顶株高/cm	留叶数/(片·株⁻¹)	茎围/cm	节距/cm	腰叶长/cm	腰叶宽/cm
漾濞	1	116.8a	20.0a	10.4a	5.8a	78.1 b	30.8a
	2	134.6ab	22.0b	9.7ab	6.1a	76.6ab	30.1a
	3	150.5b	24.0c	9.1ab	6.3a	74.5a	29.4a
永平	1	113.3a	20.0a	10.3a	5.7a	79.4a	31.2a
	2	128.6ab	22.0b	9.9a	6.3b	78.6a	30.6a
	3	156.4b	24.0c	9.3a	6.5b	76.8a	29.8a
南涧	1	117.6a	20.0a	11.4a	5.9a	83.2 b	33.8 a
	2	137.8ab	22.0b	10.0b	6.3ab	80.1ab	32.6a
	3	163.1b	24.0c	9.5b	6.8b	78.6a	31.5a

4. 田间发病率

三个试验区域均无根结线虫病，调查的病害发生较明显的为气候性斑点病，其中以永平的最重，其次是南涧，最低的是漾濞，见表 2-13。综合分析认为，试验点间，永平田间发病率较高，处理间的发病率表现为处理 3 略高于处理 1 和处理 2。

表 2-13 不同处理的田间发病率（%）

地点	处理	TMV	赤星病	青枯病	黑胫病	气候性斑点病	根结线虫病
漾濞	1	1.0	0.4	1.0	1.0	3.0	—
	2	0.7	0.5	2.0	2.0	2.5	—
	3	1.6	1.0	1.1	2.0	3.0	—
永平	1	2.0	2.0	2.5	1.0	5.0	—
	2	2.1	2.9	2.0	1.0	4.6	—
	3	3.7	3.9	2.0	1.0	5.0	—
南涧	1	1.0	1.0	1.0	2.0	4.0	—
	2	1.0	1.0	1.0	3.0	3.0	—
	3	1.5	2.0	1.1	3.5	4.0	—

5. 烟叶主要经济效益

从不同试验点的数据可看出，随着留叶数的增加，亩产量随之提高，亩产值表现为处理 2 和处理 3 明显高于处理 1，处理 3 的亩产值与处理 2 接近至略高，且差异不明显；均价和中上等烟比例的表现一致，均为处理 2 最高，处理 1 和处理 3 接近，见表 2-14。综合分析认为，留叶数在处理 2 和处理 3 之间即 22~24 片/株时，能获得较好的经济效益。

表 2-14　不同处理的主要经济效益

地点	处理	亩产量/kg	亩产值/元	均价/(元·kg^{-1})	中上等烟比例/%
漾濞	1	129.51a	4636.46a	35.80a	68.30a
	2	136.03ab	5027.67b	36.96a	72.08a
	3	140.70b	5065.2b	36.00a	71.53a
永平	1	131.43a	4468.62a	34.00a	67.42a
	2	139.60ab	4955.80b	35.80a	75.18b
	3	145.37b	4938.22b	33.97a	73.56b
南涧	1	135.37a	4801.57a	35.47a	70.56a
	2	140.43ab	5136.93b	36.58a	72.66a
	3	146.43b	5202.66b	35.53a	71.54a

6. 烟叶外观质量

选取中部烟叶进行分析，不同处理的烟叶外观质量在不同区域的表现较为一致，处理 2 和处理 3 叶片结构疏松，处理 1 为尚疏松；处理 1 的身份稍厚，处理 2 适中，处理 3 稍薄；处理 1 和处理 2 的油分多，处理 3 中等；3 个处理的成熟度和色度表现均相同，见表 2-15。

表 2-15　不同处理的烟叶外观质量

地点	处理	成熟度	叶片结构	身份	油分	色度
漾濞	1	成熟	尚疏松	稍厚	多	强
	2	成熟	疏松	适中	多	强
	3	成熟	疏松	稍薄	中等	强
永平	1	成熟	尚疏松	稍厚	多	强
	2	成熟	疏松	适中	多	强
	3	成熟	疏松	稍薄	中等	强
南涧	1	成熟	尚疏松	稍厚	多	强
	2	成熟	疏松	适中	多	强
	3	成熟	疏松	稍薄	中等	强

7. 烟叶常规化学成分

选取中部 C3F 等级烟叶进行分析，不同处理的烟叶烟碱含量在不同区域的表现较为一致，以处理 1 最高，其次是处理 2，最低是处理 3；总糖和还原糖含量表现为处理 2 最高，其次是处理 3，最低是处理 1；总氮是处理 1 最高，其次是处理 2，最低是处理 3；漾濞和南涧的钾含量均为处理 2 最高、处理 1 和处理 3 接近，永平的钾含量为处理 2 和处理 3 接近、处理 1 最低，见表 2-16。说明随着留叶数增加，烟叶烟碱含量随之下降，而总氮也随之下降。

表 2-16　不同处理的烟叶常规化学成分（%）

地点	处理	烟碱	总糖	还原糖	总氮	钾	氯
漾濞	1	2.83	33.64	24.34	2.35	1.77	0.61
	2	2.46	36.22	25.67	2.21	1.87	0.65
	3	2.37	35.78	24.52	2.08	1.80	0.70
永平	1	2.88	31.15	22.68	2.45	1.61	0.70
	2	2.54	36.42	26.47	1.89	2.14	0.52
	3	2.20	34.59	26.58	1.65	2.03	0.50
南涧	1	2.90	30.05	21.55	2.74	1.75	0.66
	2	2.43	37.63	26.43	2.10	2.22	0.58
	3	2.35	33.62	24.58	1.95	1.89	0.71

8. 烟叶感官质量

选取不同处理的 C3F 烟叶进行感官质量评价，从试验区域进行评价，烟叶感官质量由高至低为：南涧、永平、漾濞；从试验处理进行评价，烟叶感官质量由高至低为：留叶数 22 片/株、留叶数 20 片/株、留叶数 24 片/株。

当留叶数为 20 片/株时，烟气劲头集中，粉焦气息较明显；当留叶数为 22 片/株时，烟气有清甜香，烟气柔绵细腻感较好；当留叶数为 24 片/株时，烟气虽然有清甜香，但烟气较空。对比分析认为 22 片/株处理时的焦枯感较留叶数 24 片/株时明显下降。

综合分析认为，留叶数为 22 片/株时烟叶感官质量最高，其次是留叶数 20 片/株，留叶数 24 片/株最差，即留叶数为 20~22 片/株时的烟叶感官质量较留叶数为 24 片/株时更好。

（五）讨论和结论

NC297 为半多叶型品种，其留叶数量与打顶时间密切相关。以往的研究显示，在 NC297 的始花期打顶，烟株株高较高，节距较稀，有利于下部叶通风受光，同时上二棚叶、顶叶开片较好，烟叶分层落黄成熟，烤后烟叶产量适中，均价、产值、上等烟比例、上中等烟比例较高；留叶数在 17～26 片/株范围内，NC297 叶长、叶宽、叶面积、叶厚、单叶重均随施氮量的增加而增加，烟碱和总氮含量随着施氮量的增加而显著上升，随着留叶数的增加而显著下降，产量持续上升，产值、均价、中上等烟比例随着施氮量和留叶数的增加先增大后减小。

从本次试验中发现：随着留叶数增加，烟株的生育期变长，同时株高、节距也变大，田间病害如普通花叶病、黑胫病等也有一定程度的提高；烟叶亩产量也随之提高；烟叶外观质量方面，烟叶身份变薄，油分由多变中等，总体外观质量逐步下降；在烟叶常规化学成分方面，随着留叶数增加，烟叶烟碱和总氮含量随之下降；在烟叶感官质量方面，随着留叶数增加，初烤烟叶感官质量呈现先上升再降低的趋势，留叶数 20 片/株时烟叶感官质量中等，留叶数 22 片/株时最好，留叶数 24 片/株最差。通过对本试验数据的综合分析认为，要获得较好的经济效益和较高的烟叶质量，NC297 品种留叶数在 20～22 片/株较为适宜。

第二节　氮素营养调控技术

一、试验地点

试验于 2022 年在云南省大理市湾桥镇（海拔 1986.00 m，经度 100°08′E，纬度 25°48′N）进行。前茬作物为水稻，土壤肥力基本理化性状：pH=6.68，有机质 30.2 g/kg，碱解氮 101.6 mg/kg，速效钾 147.9 mg/kg，速效磷 24.2 mg/kg。

二、试验设计

供试品种为 NC297 和 NC102 各种植 10 亩。试验 7 个处理，采用随机区组排列，重复三次，共 21 个小区。行距 1.2 m，株距 0.5 m。采用膜下小苗移栽，4 月 15 日移栽，移栽时每亩施烤烟专用复合肥 5kg（N：P_2O_5：K_2O 为 12：6：24），栽后 10～15 d 施提苗肥，35 d 揭膜培土，65～70 d 封顶，并施用化学抑芽剂抑芽。其他按当地优质烟栽培规范进行。

处理设置如下：

对照（CK）：施氮量 0 kg/亩；处理 1：施氮量 1 kg/亩；处理 2：施氮量 2 kg/亩；

处理3：施氮量3 kg/亩；处理4：施氮量5 kg/亩；处理5：施氮量6 kg/亩；处理6：施氮量8 kg/亩。

三、检测项目及方法

1. 烟叶农艺性状调查

按照现行行业标准《烟草农艺性状调查测量方法》（YC/T 142—2010）进行调查和记载。

2. 光合特性分析

于烤烟成熟期每小区各处理随机选择10片烟叶，测定叶片的SPAD值。

3. 烟叶外观质量和经济性状分析

初烤烟叶按照现行国家标准《烤烟》（GB 2635—1992）进行分级，并按照试验年度产区的收购价格计算经济效益。

4. 烟叶常规化学成分测定

按照现行业标准《烟草及烟草制品 水溶性糖的测定 连续流动法》（YC/T 159—2002）、《烟草及烟草制品 总植物碱的测定 连续流动法》（YC/T 160—2002）、《烟草及烟草制品 总氮的测定 连续流动法》（YC/T 161—2002）、《烟草及烟草制品 氯的测定 连续流动法》（YC/T 162—2011）、《烟草及烟草制品 钾的测定 火焰光度法》（YC/T 173—2003）、《烟草及烟草制品 蛋白质的测定 连续流动法》（YC/T 249—2008）、《烟草及烟草制品 淀粉的测定 连续流动法》（YC/T 216—2013）对初烤烟叶进行测定。

5. 烟叶感官质量评价

按照云南中烟单体烟感官质量企业标准进行评价。

6. 数据分析工具

采用Excel 2016对试验数据进行统计分析。

四、数据分析

1. 烟叶农艺性

如表2-17所示，NC297和NC102品种在各处理下成熟期鲜烟叶的叶面积、单叶鲜重和单叶干重存在显著差异（$P<0.05$），在处理 5 即施氮量 6 kg 时，NC102 品种的株高、叶面积、单叶鲜重和干鲜比最高，NC297 品种除叶面积外，其余指标也是最高。说明纯氮施用量对烟叶鲜重和干重有一定的促进作用，但过量时烟叶生物量反而减少。

表 2-17 各处理下成熟期鲜烟叶农艺性状分析

品种	处理	株高/m	叶面积/m²	单叶鲜重/g	单叶干重/g	干鲜比
NC297	CK	1.36a	1.47c	71.92c	9.68b	0.15a
	1	1.38a	1.62c	76.86c	10.43b	0.14a
	2	1.36a	1.78b	75.52c	10.49b	0.14a
	3	1.29a	1.81a	85.99b	11.74a	0.14a
	4	1.20a	1.83b	89.05b	11.81a	0.14a
	5	1.39a	1.79a	93.36a	12.29a	0.13a
	6	1.32a	1.76b	83.05b	11.47a	0.16a
NC102	CK	1.40a	1.46c	72.45c	8.48b	0.13a
	1	1.38a	1.52c	74.49c	11.36b	0.14a
	2	1.35a	1.91b	74.54c	10.52b	0.13a
	3	1.28a	1.78a	86.44b	12.28a	0.15a
	4	1.29a	1.93b	91.51b	12.18a	0.14a
	5	1.42a	1.94a	95.13a	12.42a	0.17a
	6	1.26a	1.75b	84.31b	11.85a	0.15a

2. 成熟期鲜烟叶 SPAD 值

从表 2-18 可以看出，随着施氮量增加，从对照（CK）至处理 4（0~5 kg）时，中部烟叶的 SPAD 值在处理间无差异，但从处理 5 至处理 6（6~8 kg）时，处理间有显著差异。NC297 和 NC102 的最大 SPAD 值出现在处理 6，即亩施氮量 8 kg 的处理最高；最低是亩施氮量 0 kg 的处理。SPAD 值越大的处理烟叶在田间表现为叶片深绿，会出现延迟落黄，说明过量的氮素可以延长烟株营养生长期，从而推迟开花和成熟。

表 2-18　各处理下成熟期鲜烟叶的 SPAD 值分析

品种	处理	SPAD 值
NC297	CK	20.05b
	1	23.08b
	2	24.41b
	3	23.78b
	4	23.88b
	5	34.90a
	6	35.05a
NC102	CK	21.47b
	1	21.91b
	2	24.83b
	3	24.70b
	4	26.19b
	5	34.20a
	6	35.68b

3. 成熟期鲜烟叶主要化学指标的影响

由表 2-19 可知，不同施氮量处理下 NC297 和 NC102 品种的中部鲜烟叶总糖、还原糖、淀粉、烟碱和蛋白质含量存在显著性差异（$P<0.05$）。在烟叶碳代谢指标方面，以处理 5（施氮量 6kg/亩）的总糖和还原糖含量最高，而各处理的淀粉含量表现规律不明显，表明合理的施氮量对烟叶的碳代谢有显著的促进作用。在烟叶氮代谢指标方面，两个品种均以处理 4（施氮量 5kg/亩）的蛋白质含量最高，表明氮素能显著增强烟株氮代谢，提高烟碱和蛋白质的合成能力，但是过高的氮素供应，蛋白质含量反而开始下降。

表 2-19　各处理下烤烟品种鲜烟叶主要化学成分分析（%）

品种	处理	总糖	还原糖	淀粉	总氮	烟碱	蛋白质
NC297	CK	11.37c	8.67b	31.69c	1.78a	1.74a	9.83b
	1	12.23b	9.27b	34.20b	1.72a	1.96a	9.72b
	2	13.36b	9.51b	26.75c	1.60a	1.82a	10.12b

续表

品种	处理	总糖	还原糖	淀粉	总氮	烟碱	蛋白质
NC297	3	13.41b	9.11b	25.88c	1.72a	1.71a	9.98b
	4	14.30a	11.24a	25.18c	1.94a	1.99b	12.18a
	5	15.37a	12.41a	24.76c	1.97a	1.90a	11.84a
	6	11.04c	8.07b	20.68c	1.95a	1.85a	11.54a
NC102	CK	10.11c	8.77b	31.75c	1.76a	1.82a	9.88b
	1	13.46b	9.32b	34.20b	1.84a	2.13b	9.52b
	2	13.46b	9.65b	26.83c	1.77a	2.05b	11.35b
	3	13.69b	10.06b	25.88c	1.72a	2.09b	11.06b
	4	15.45a	12.35a	25.20c	1.89a	2.32b	12.34a
	5	16.77a	13.36a	24.75c	1.93a	2.06b	12.17a
	6	11.06c	9.33b	20.68c	1.92a	2.30b	12.09a

4. 成熟期鲜烟叶组织结构

由表 2-20 可知，不同施氮量处理下 NC297 和 NC102 品种的烟叶栅栏组织厚度、海绵组织厚度、下表皮细胞厚度和叶厚存在显著差异（$P<0.05$），随着施氮量增加，栅栏组织厚度等烟叶组织结构指标变化规律表现不明显。

表 2-20　各处理下烤烟品种烟叶组织结构分析　　　　单位：μm

品种	处理	栅栏组织厚度	海绵组织厚度	上表皮细胞厚度	下表皮细胞厚度	叶厚	组织比（栅栏/海绵）
NC297	CK	45.78b	55.40b	14.53a	10.21a	134.56b	0.82a
	1	56.21a	66.15a	14.36a	9.27b	144.29a	0.87a
	2	55.67a	68.67a	13.05a	8.90b	126.24c	0.79a
	3	44.57b	57.51b	12.98a	8.32c	122.06c	0.78a
	4	58.13a	65.79b	12.69a	9.16b	139.61a	0.85a
	5	60.24a	67.21a	16.12a	10.77a	194.16a	0.89a
	6	49.88b	78.26a	13.75a	9.72a	140.75a	0.73a

续表

品种	处理	栅栏组织厚度	海绵组织厚度	上表皮细胞厚度	下表皮细胞厚度	叶厚	组织比（栅栏/海绵）
NC102	CK	46.70b	54.43b	14.36a	10.08a	142.69b	0.84a
	1	57.33a	66.59a	14.62a	9.53b	152.44a	0.85a
	2	54.80a	66.59a	15.26a	9.69b	147.46a	0.83a
	3	45.76b	55.67b	13.72a	8.38c	131.82c	0.81a
	4	56.66a	68.04a	13.75a	10.06c	142.96a	0.73a
	5	59.05a	67.70b	14.52a	9.61b	132.90a	0.83a
	6	52.42b	69.14a	14.77a	10.15a	141.14b	0.75a

5. 施氮量对初烤烟叶内在化学成分的影响（中部叶）

如表 2-21 所示，不同施氮量处理的初烤烟叶总糖含量、淀粉含量和蛋白质含量存在显著差异（$P<0.05$），而其他指标差异不显著。NC297 总糖和还原糖呈先降低后增加再降低的趋势，而 NC102 无规律，淀粉含量表现的规律是随着施氮量增加呈现总体降低，这与成熟期鲜叶施氮量越高，总糖含量越高的规律相反，可能与烘烤过程中大量淀粉降解生成了糖类物质密切相关。而初烤烟叶蛋白质含量与鲜烟叶表现的规律相似，施氮量越高，其含量随之增加。综合分析认为，NC102 和 NC297 在处理 4 至处理 5（5~6 kg/亩）时初烤烟叶内在化学成分协调性较好。

表 2-21 各处理下初烤烟叶内在化学成分分析（%）

品种	处理	总糖	还原糖	淀粉	总氮	烟碱	蛋白质	糖碱比	氮碱比
NC297	CK	39.76a	30.51a	8.05a	2.43a	2.80a	7.42b	18.12a	0.81a
	1	39.35a	29.59a	9.03a	2.29a	2.85a	6.57b	16.30a	0.88a
	2	38.68a	29.27a	8.04a	2.50a	2.74a	7.01b	17.38a	0.81a
	3	37.50a	28.90a	8.85a	2.63a	2.98a	6.63b	15.43a	0.77a
	4	40.14a	30.43a	6.54b	2.17a	2.72a	8.85a	18.38a	0.85a
	5	40.48a	30.89a	6.23b	2.70a	3.12a	9.03a	14.31a	0.85a
	6	34.24b	26.98a	5.67b	2.49a	2.87a	7.69b	14.85a	0.85a
NC102	CK	40.12a	29.42a	7.45a	2.12a	2.31a	6.94b	17.60a	0.88a
	1	39.26a	30.24a	7.95a	2.23a	2.32a	6.32b	15.95a	0.82a
	2	41.25a	29.82a	8.24a	2.15a	2.26a	6.46b	16.92a	0.92a

续表

品种	处理	总糖	还原糖	淀粉	总氮	烟碱	蛋白质	糖碱比	氮碱比
NC102	3	38.29a	30.75a	8.68a	2.24a	2.36a	6.33b	14.94a	0.86a
	4	40.45a	29.56a	6.65b	2.15a	2.42a	8.39a	17.85a	0.87a
	5	41.24a	31.56a	6.88b	2.31a	2.56a	8.55a	13.91a	0.86a
	6	37.84b	25.48a	6.05b	2.24a	2.41a	7.24b	14.02a	0.82a

6. 施氮量对初烤烟叶经济效益的影响

由表 2-22 可知，不同施氮量处理下初烤烟叶亩产量、亩产值、上等烟比例和均价存在显著性差异（$P<0.05$），NC297 和 NC102 在处理 5 即施氮量 6 kg/亩时经济效益较高。

表 2-22 各处理下初烤烟叶经济效益分析

品种	处理	亩产量/kg	亩产值/元	上等烟比例/%	中等烟比例/%	均价/(元·kg^{-1})
NC297	CK	72.47d	1047.19d	23.43c	20.96a	14.45b
	1	93.39c	1366.29c	27.17c	25.84a	14.63b
	2	111.87c	2006.94c	34.58b	19.38a	17.94b
	3	145.74b	4584.98b	43.84ab	22.53a	31.46a
	4	173.79a	4280.45a	50.36a	20.84a	24.63a
	5	166.93a	5869.26a	52.43a	16.34a	35.19a
	6	121.57c	2749.91c	29.71c	20.29a	22.62b
NC102	CK	85.21d	1505.66d	22.20c	20.05a	17.67b
	1	92.18c	1713.62c	26.23c	24.30a	18.59b
	2	111.60c	2389.35c	35.67b	19.91a	21.41b
	3	144.34b	4793.53b	43.62ab	21.80a	33.21a
	4	173.26a	5012.41a	50.40a	19.45a	28.93a
	5	166.31a	5770.96a	46.48a	16.46a	34.37a
	6	120.32c	2471.37c	29.82c	19.61a	20.54b

7. 施氮量对初烤烟叶感官质量的影响

选取不同处理的 NC102 品种 C3F 烟叶进行感官质量评价，评价结果如下：

样品 CK（施氮量 0 kg/亩）：烟气香气量欠，干草气息明显，香气偏空。

处理 1（施氮量 1 kg/亩）：烟气香气量欠，干草和青杂气息明显，香气偏空。

处理 2（施氮量 2 kg/亩）：烟气香气量不足，干草气息明显，香气偏空，口腔回味尚可。

处理 3（施氮量 3 kg/亩）：烟气香气量尚足，略有甜香，劲头稍显，口感特性尚可。

处理 4（施氮量 5 kg/亩）：烟气香气量足，烟气较细腻，略有甜香，口腔回味较干净。

处理 5（施氮量 6 kg/亩）：烟气香气量足，有清甜香和焦甜香，柔绵细腻感较好，口腔较干净，回味尚可。

处理 6（施氮量 8kg/亩）：烟气浓度提升，质感下降，回味有焦枯感，口腔有颗粒残留。

选取不同处理的 NC297 品种 C3F 烟叶进行感官质量评价，评价结果如下：

样品 CK（施氮量 0 kg/亩）：烟气香气量欠，干草气息明显，香气偏空，焦枯气息较明显。

处理 1（施氮量 1 kg/亩）：烟气香气量欠，干草和青杂气息明显，香气偏空偏焦枯。

处理 2（施氮量 2 kg/亩）：烟气香气量不足，干草气息明显，香气偏空，口腔回味有略焦枯感。

处理 3（施氮量 3 kg/亩）：烟气香气量尚足，略有清香，劲头稍显，口腔回味较干净。

处理 4（施氮量 5 kg/亩）：烟气香气量足，烟气较细腻优雅，口感特性尚可。

处理 5（施氮量 6 kg/亩）：烟气有清香，香气优雅，口腔较干净，回味尚可。

处理 6（施氮量 8kg/亩）：烟气劲头稍显，香气质感下降，回味有焦枯感，口腔有颗粒残留。

综合分析认为，烟叶感官质量在处理 4～处理 5 之间，即亩施纯氮 5～6kg 时，NC297 和 NC102 的初烤烟叶感官质量最好。

五、讨论与结论

已有的研究发现，种植密度越低，施氮量增加对叶片组织结构的影响越显著，在一定范围内，适当调节种植密度和施氮量，利用其交互作用，可以改善叶片结构，从而达到优质适产的目的；在土壤中等肥力条件下，纯氮量在 5.5 kg/亩左右时，烟叶综合指标达到最高。

通过 NC297 和 NC102 品种在大理的不同施氮试验发现，施氮量对烟叶田间长势及鲜烟叶农艺性状的影响极大，主要表现在烟叶叶面积、单鲜重和干重上，在施氮量 6 kg 处理下，叶面积、单叶鲜重和单叶干重均最大；不同施氮量处理的初烤烟叶总糖含量、淀粉含量和蛋白质含量存在显著差异，其他指标差异不显著，NC102 和 NC297 在 5~6 kg/亩时初烤烟叶内在化学成分协调性较好；从经济效益来看，在施氮量 6 kg/亩时 NC102 和 NC297 品种能获得较高的经济效益；从烟叶感官质量来看，施氮量 5~6kg/亩时，NC297 和 NC102 的初烤烟叶感官质量最好。综合以上结果，在中等肥力条件下，NC102 和 NC297 最优施氮量在 5~6 kg/亩较为适宜。

第三节　微生物菌剂调控技术

微生物菌剂肥料是一种经过加工手段制成且含有有效活菌数的生物肥料，能够通过微生物代谢改善土壤理化性质，增强土壤酶活性等方式促进植株生长，利用微生物菌剂配合肥料改善修复土壤、促进烟株生长，提高烟叶产质量已成为当前作物学和生态学领域的重点关注研究内容。目前，已有大量研究证明施用菌剂对烟株生长能带来许多有利影响。殷全玉等的研究研究表明，哈茨木霉和枯草芽孢杆菌可以提高烟田土壤养分和有益菌群的丰度；胡亚杰研究表明，含 EM 菌的微生物菌剂有利于促进烤烟生长发育，提高产量并改善烟叶质量，并且对烟草栽培中常见的土传病害有较好的防治作用。但目前有关无机肥配施不同生物菌剂的研究相对较少，故本试验选用三种广谱生物菌剂，设置了无机肥配施菌剂试验，研究其对植烟土壤养分和酶活性、烟叶化学成分和感官质量等指标的影响，为烤烟生产中如何应用生物菌剂肥料提供科学依据。

一、微生物菌剂对植烟土壤质量及烤烟 NC102 品质的影响

（一）材料与方法

1. 试验地概况

2022 年 3 月至 2022 年 9 月，试验于云南省玉溪市江川区九溪镇试验地开展（102°37′E，24°19′N，海拔 1691.5 m）。试验地属中亚热带高原季风气候，烤烟主要种植区海拔平均高度 1460 m，年平均气温 16.15 ℃左右，最高月气温 20.6 ℃左右，

全年降雨量1141.35 mm左右,全年平均相对湿度在78.43%左右,全年日照时数为2040.50 h左右,烤烟大田期平均气温在19.9 ℃左右,日照时数在822.85 h左右,降水量在896.5 mm左右,气候温暖湿润,降水丰沛,日照充足,光能资源丰富,温度适宜。盆栽土壤pH平均值为6.31,土壤有机质平均值为28.71 g/kg,碱解氮含量为106.74 mg/kg,速效磷含量为26.44 mg/kg,速效钾含量为267.30 mg/kg。

2. 供试材料

烤烟供试品种为NC102。微生物菌剂分别为哈茨木霉、枯草芽孢杆菌、EM复合菌,有效活菌数≥8.0亿个/g,由国家增产菌技术研究推广中心、中国农业大学农用生物制剂中试基地提供。

(二)试验设计

本研究采用盆栽试验,盆栽土壤取自试验地0~20 cm土层,盆钵规格:盆面直径32 cm,盆底直径25 cm,盆高30 cm,每盆装土14 kg。试验共设置8个处理,每个处理20个重复,共160盆,见表2-23。

表2-23 试验设计

处理	哈茨木霉/(g·株$^{-1}$)	枯草芽孢杆菌/(g·株$^{-1}$)	EM复合菌/(g·株$^{-1}$)
CK	0	0	0
T1	0.6	0	0
T2	0	0.6	0
T3	0	0	0.6
T4	0.3	0.3	0
T5	0.3	0	0.3
T6	0	0.3	0.3
T7	0.2	0.2	0.2

对照(CK):常规施肥情况下不施菌剂;
处理1(T1):常规施肥+哈茨木霉0.6 g/株;
处理2(T2):常规施肥+枯草芽孢杆菌0.6 g/株;
处理3(T3):常规施肥+EM复合菌0.6 g/株;
处理4(T4):常规施肥+哈茨木霉0.3 g/株+枯草芽孢杆菌0.3 g/株;
处理5(T5):常规施肥+哈茨木霉0.3 g/株+EM复合菌0.3 g/株;
处理6(T6):常规施肥+枯草芽孢杆菌0.3 g/株+EM复合菌0.3 g/株;

处理 7（T7）：常规施肥+哈茨木霉 0.2 g/株+枯草芽孢杆菌 0.2 g/株+EM 复合菌 0.2 g/株。

其中移栽时施用烟草专用复合肥（N∶P∶K=12∶6∶24）19.5 g/株，移栽后 30 d 追施烟草专用复合肥 38.8 g/株、过磷酸钙（P_2O_5，18%）38.9 g/株和硫酸钾（K_2O，51%）6.85 g/株，打顶后喷施硫酸钾叶面肥 6.85 g/株，并施用化学抑芽剂抑芽。其他按当地优质烟栽培规范进行。分别在团棵期、旺长期、成熟期进行土壤取样和烟叶取样，并在初烤结束后取样烟叶进行经济性状评价。

（三）测定项目及方法

1. 土壤、烟叶和烤烟根系的采集

分别在团棵期、旺长期、成熟期进行土壤、烟叶和烤烟根系的取样，各处理 3 次生物学重复。

土壤取样：按照不同处理进行五点取样法取土。用清理工具除去烟田表面植物残体和浮土，随即用柴油机土壤取土器采取 5～20 cm 深度的土壤，按照四分法取 1.5 kg 样品放于密封袋，剔除植物、细根、石块等杂物，混匀，过 2 mm 筛后分为 2 份。一份立即放入装有冰袋的保温箱中，运回实验室后转存入-20 ℃冰箱，用于土壤酶活测定；另一部置于阴凉处风干后备用，用于土壤养分的测定。

新鲜烟叶取样：按照不同处理将采集后的鲜烟叶分为 2 份，一份用锡箔纸包好后放入液氮中暂存，运回实验室后转存入-20 ℃冰箱，用于植物抗氧化酶活性测定；另一份放入鼓风干燥烘箱中进行杀青干燥（在 105 ℃下杀青 0.5 h，而后在 65 ℃下烘干至恒重），然后将烟叶粉碎后过 60 目筛备用，用于检测烟叶化学成分。

烟株根系取样：按照不同处理以烟株根茎为中心，挖取长×宽×高=60 cm× 60 cm× 60 cm 的土块，装入尼龙袋中，用自来水冲洗后备用。

初烤烟叶取样：新鲜烟叶经过烘烤后，将获得的初烤烟叶按照现行国家标准进行分级，选取不同处理的 C3F 等级。

2. 土壤养分的测定

测定上述风干后的土壤的理化性质，包括铵态氮、硝态氮、有机碳水分、土壤pH，均参照鲍士旦《土壤农化分析》进行测定。

3. 土壤酶活性和植物抗氧化酶活性的测定

测定上述存于-20 ℃冰箱的土壤和烟叶样品的土壤酶活性和植物抗氧化酶活性，其中土壤酶活性分别测定土壤脲酶、蔗糖酶和过氧化氢酶，植物抗氧化酶活性分别测定植物超氧化物歧化酶、过氧化物酶、过氧化氢酶、抗坏血酸过氧化物酶。各土壤

酶和植物抗氧化酶的活性测定通过北京索莱宝科技有限公司生产的试剂盒进行测定。

4. 烟叶农艺性状调查

按照现行行业标准《烟草农艺性状调查测量方法》（YC/T 142—2010）进行调查和记载。

5. 根部结构发育测定

在各生育期对每个处理分别随机选取具有代表性的 3 株烟株，用根系扫描仪（Epson Perfection V800，Indonesia Inc.）对烤烟根系进行扫描，扫描后保存图像，采用 Win RHIZO-Pro 2019 根系分析系统软件（Regent Instruments LA2400，Canada）分析根长（cm）、根投影面积、根表面积、根平均直径、根体积、根尖数、分叉数、交叉数数据。

6. 烟叶的经济性状

初烤烟叶按照现行国家标准《烤烟》（GB 2635—92）进行分级，并按照试验年度产区的收购价格，计算经济效益。

7. 烟叶感官质量评价

按照云南中烟单体烟感官质量企业标准进行评价。

8. 数据分析工具

采用 Excel 2016 对试验数据进行统计分析。

（四）数据分析

1. 不同微生物菌剂处理对各生育期土壤理化性质的影响

如图 2-1 所示，常规施肥配施生物菌剂处理能提高土壤养分含量，其中以 T7 效果较为显著，同时随着生育期的推进，土壤水分呈现逐渐下降的趋势，而土壤硝态氮、铵态氮均呈先上升后下降的趋势，在旺长期达到峰值。速效氮方面，与对照（CK）相比，除了旺长期的 T6 处理外，各生育期下常规施肥配施生物菌剂处理的土壤硝态氮、铵态氮含量均显著提高（$P<0.05$），以旺长期的 T4 和 T7 含量最高，其中硝态氮含量分别提高 362.04%、498.71%，铵态氮含量分别提高 693.71%、438.02%。有机碳方面，与对照（CK）相比，旺长期和成熟期的 T5 和 T7 的有机碳含量均显著提高（$P<0.05$），以旺长期的含量较高，分别提高 39.71%、13.28%。水分方面，随着生育期的推进呈现逐渐下降的趋势，与对照（CK）相比，旺长期和成熟期的 T1 和 T3 的水分含量均显著提高（$P<0.05$），以旺长期的含量较高，分别提高 10.41%和 6.33%；

此外，成熟期的 T7 水分含量较对照（CK）相比，显著提高了 8.62%（$P<0.05$）。pH 方面，与对照（CK）相比，除成熟期的 T2 以外，各生育期下常规施肥配施生物菌剂处理的 pH 均提高，其中 T7 分别在团棵期、旺长期和成熟期显著提高 11.57%、13.55% 和 6.51%（$P<0.05$）。

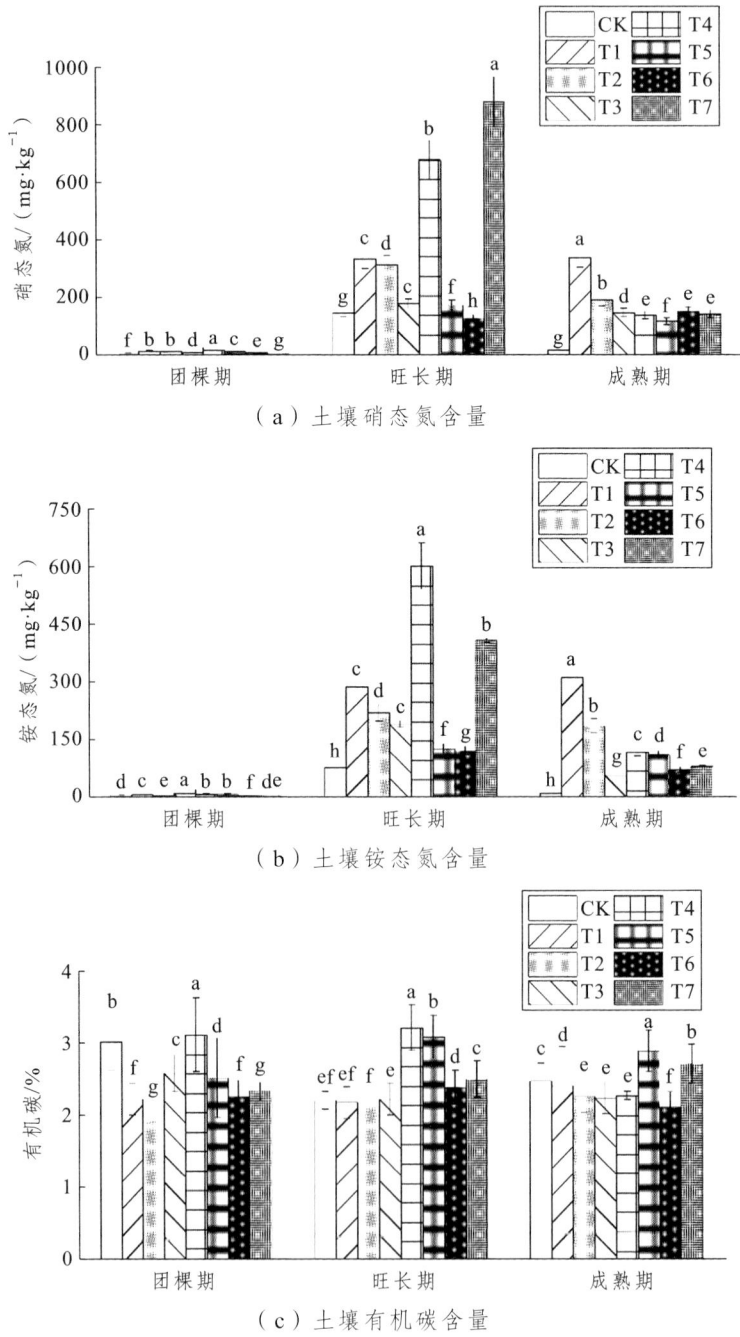

(a) 土壤硝态氮含量

(b) 土壤铵态氮含量

(c) 土壤有机碳含量

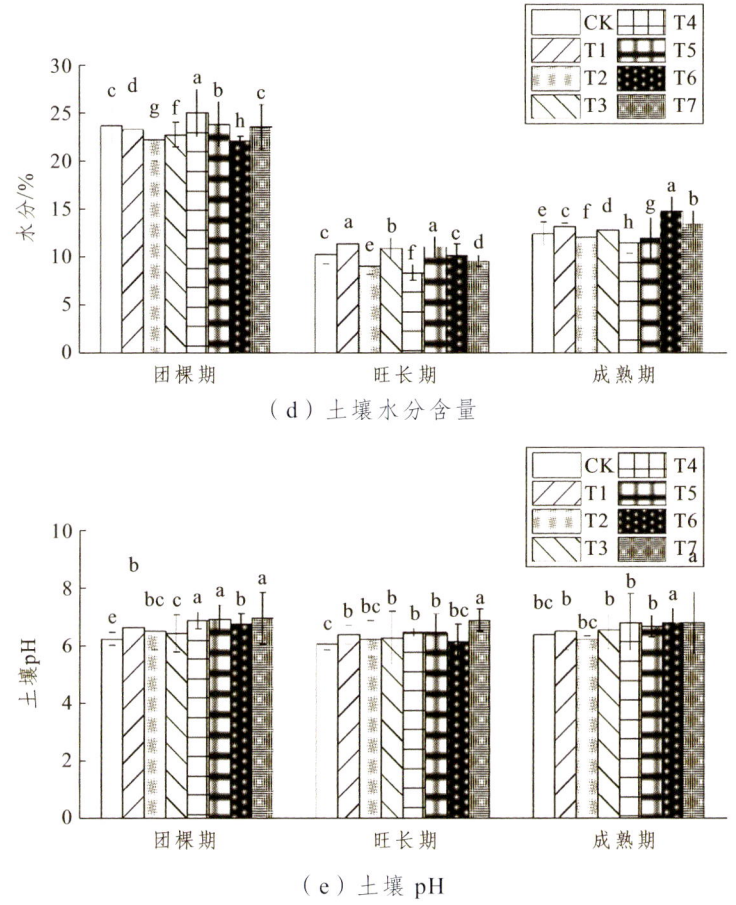

图 2-1 不同微生物菌剂处理下各生育期土壤的理化性质

注：不同小写字母为同一生育期不同处理间显著性差异（$P<0.05$），数值为平均值 ±标准差（下同）。

2. 不同微生物菌剂处理对各生育期植物抗氧化酶活性和土壤酶活性的影响

由图 2-2 可知，常规施肥配施 2~3 种生物菌剂处理（T4、T5、T6 和 T7 处理）能提高植物抗氧化酶、土壤碳氮获取酶和土壤过氧化氢酶活性，在旺长期增幅最大，其中 T7 处理的效果最显著。同时，随着生育期的推进，植物超氧化物歧化酶活性呈现先上升后下降的趋势，在旺长期达到峰值；植物过氧化物酶则呈现逐渐下降的趋势，其余处理的酶活性在不同生育期差异不大。

植物酶活性方面，与对照（CK）相比，除成熟期以外，T2~T7 处理的植物超氧化物歧化酶均显著提高（$P<0.05$），以旺长期 T5 和 T7 处理的活性较高，分别提高 100.20%、88.91%；T4 和 T7 处理的植物过氧化物酶均显著提高（$P<0.05$），以团棵

期的活性较高，分别提高54.31%、20.55%；T5处理的植物过氧化氢酶均显著提高（$P<0.05$），以旺长期的活性较高，提高了66.39%。此外，与各生育期的对照（CK）相比，T5和T7处理的植物抗坏血酸过氧化物酶均显著提高（$P<0.05$），以旺长期的活性较高，提高了278.02%。

土壤酶活性方面，与各生育期的对照（CK）相比，T5和T7处理的土壤脲酶活性均显著提高（$P<0.05$），以团棵期的活性较高，分别提高40.91%、70.45%。与对照（CK）相比，除成熟期以外，T1～T7处理的土壤蔗糖酶活性均显著提高（$P<0.05$），以旺长期的T5和T6活性较高，分别提高58.97%和46.15%。与对照（CK）的过氧化氢酶活性相比，团棵期的T2～T7处理均降低，旺长期的T6处理显著提高了176.18%（$P<0.05$），成熟期的T7显著提高了76.55%（$P<0.05$）。

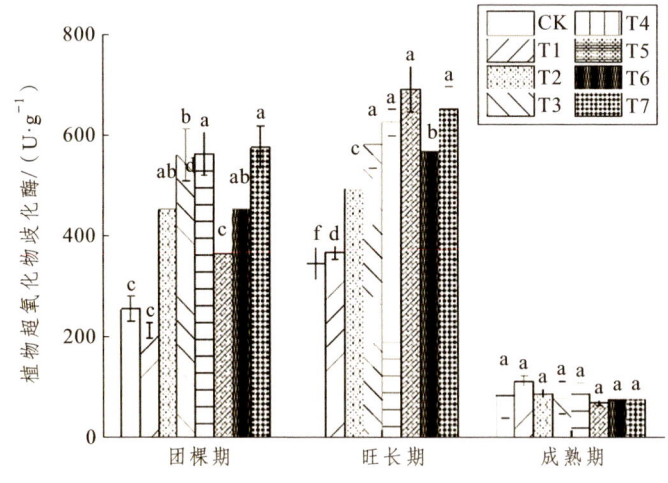

（a）植物超氧化物歧化酶活性

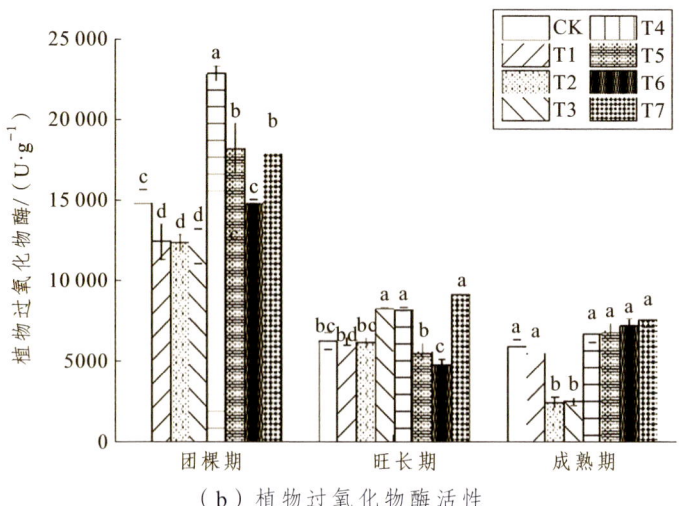

（b）植物过氧化物酶活性

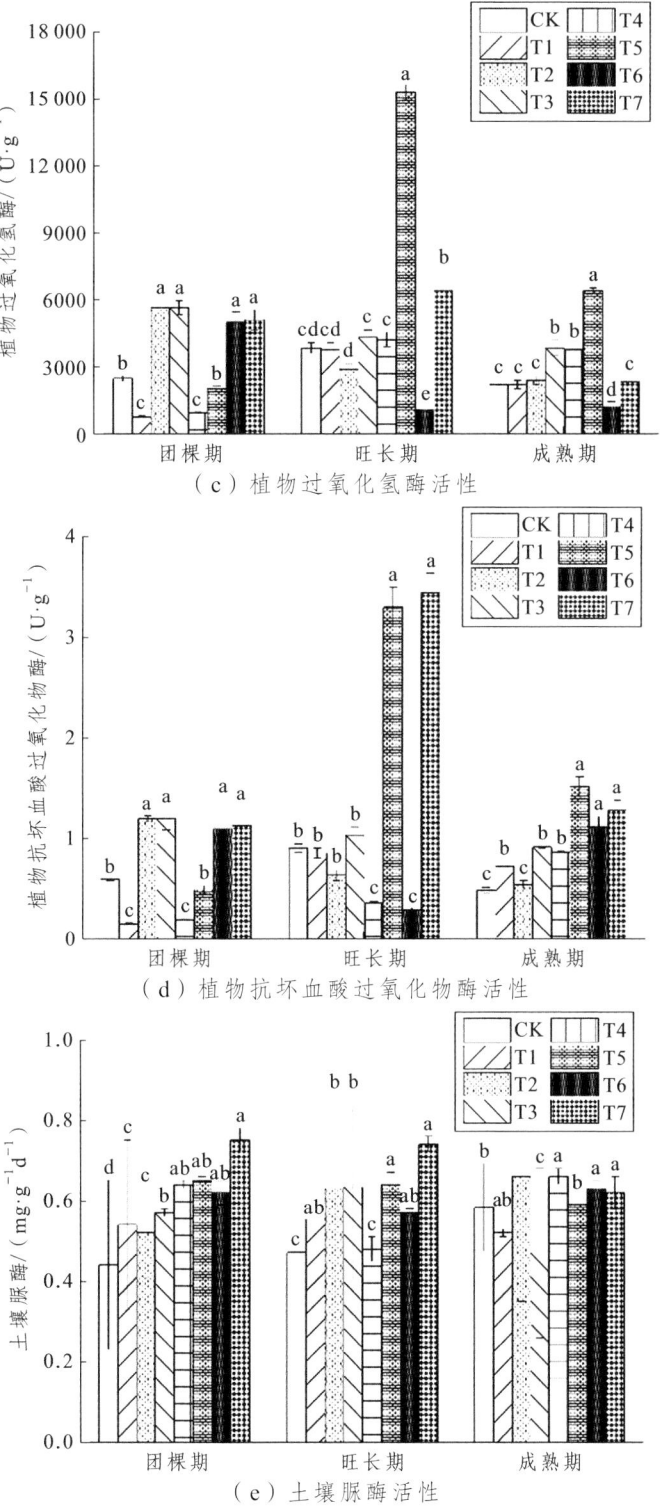

(c）植物过氧化氢酶活性

(d）植物抗坏血酸过氧化物酶活性

(e）土壤脲酶活性

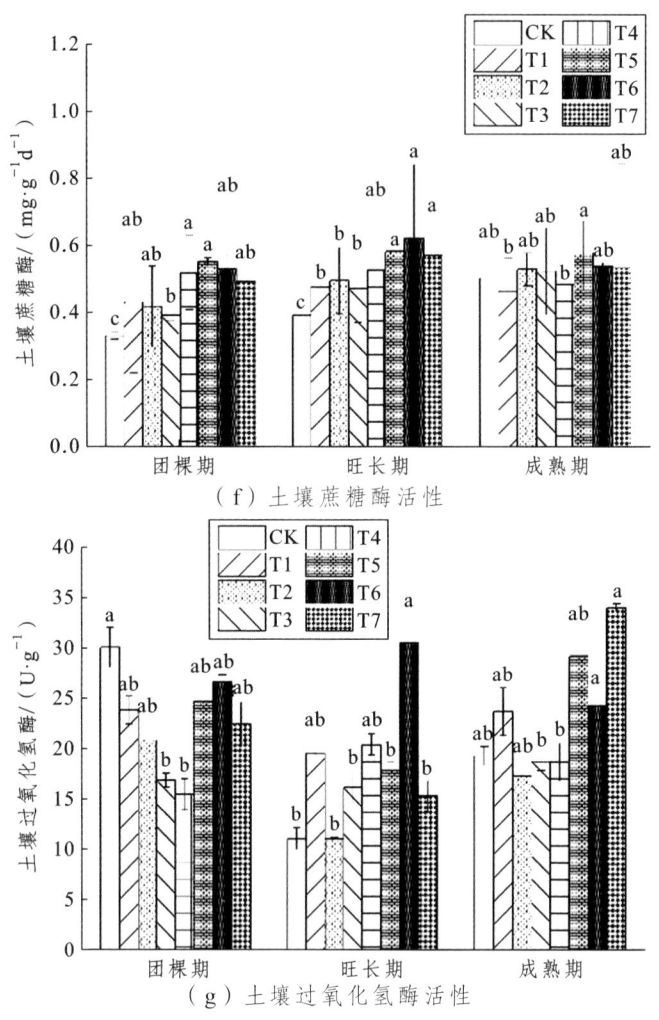

图 2-2 不同菌剂处理下各生育期烟叶的抗氧化酶活性和土壤酶活性

3. 不同微生物菌剂处理对各生育期烤烟农艺性状的影响

如表 2-24 所示，常规施肥配施 2~3 种生物菌剂且包含 EM 复合菌处理（T5、T6 和 T7 处理）能提高烤烟成熟期有效叶数、叶片鲜重，其中 T6 处理有效提高了除株高以外各生育期烤烟的农艺性状。与成熟期的对照（CK）相比，T5、T6 和 T7 处理的有效留叶数分别提高了 5.56%、5.56% 和 16.67%，叶片鲜重分别提高了 9.28%、54.12% 和 24.59%。与各生育期的对照（CK）相比，T6 处理的有效留叶数提高了 5.56%~9.09%、叶片鲜重提高了 19.11%~54.12%、茎鲜重提高了 13.82%~83.52%、根鲜重提高了 0.91%~37.18%、茎围提高了 8.69%~40.38%、最大叶长提高了 3.51%~15.83%、最大叶宽提高了 10.67%~20.88%

4. 不同微生物菌剂处理对各生育期烤烟根系结构发育的影响

如表 2-25 所示,常规施肥配施 3 种生物菌剂处理(T7 处理)能提高除成熟期根平均直径和根体积以外的烤烟根系结构发育指标。与团棵期的对照(CK)相比,T7 处理的烤烟根系结构发育指标均显著提高($P<0.05$)。与各生育期的对照(CK)相比,T7 处理的根长提高了 21.56%~54.68%、根投影面积提高了 7.34%~26.50%、根表面积提高了 6.18%~17.10%、根尖数提高了 2.99%~23.17%、交叉数提高了 2.46%~37.60%。此外,与对照(CK)相比,T7 处理在团棵期和旺长期的根平均直径分别提高了 19.40%和 10.43%,根体积分别提高了 30.58%和 3.62%。

5. 不同微生物菌剂处理对各生育期烟叶常规化学成分含量的影响

如表 2-26 所示,常规施肥配施生物菌剂处理能提高各生育期烟叶总氮含量、钾含量以及除团棵期以外的磷含量,与对照(CK)相比,各处理钾含量均显著性提高($P<0.05$),同时以 T7 处理的效果最显著。氮代谢方面,与对照(CK)相比,各时期的常规施肥配施生物菌剂处理能提高总氮含量,其中以团棵期的 T7 和 T3 处理含量较高,分别提高了 124.44%和 106.67%,但降低了各时期总植物碱和除成熟期以外的蛋白质含量。钾含量方面,与对照(CK)相比,各时期的常规施肥配施生物菌剂处理均能显著提高钾含量($P<0.05$),其中以团棵期的 T6 和 T7 含量最高,分别提高了 69.72%和 84.86%。磷含量方面,与对照(CK)相比,除团棵期以外的常规施肥配施生物菌剂处理均能提高磷含量,其中以旺长期和成熟期的 T7 处理含量最高,分别提高了 28.57%和 26.32%。碳代谢方面,与对照(CK)相比,团棵期的常规施肥配施生物菌剂处理能提高碳含量、淀粉,其中以 T1 和 T2 处理的碳含量较高,分别提高了 6.78%和 7.43%;但随着生育期的推进,该效应逐渐降低且最终低于对照(CK)。氯含量方面各处理间差异不大。

6. 不同微生物菌剂处理对烤烟经济性状的影响

从表 2-27 可知,常规施肥配施生物菌剂处理均能提高烤烟经济性状,除 T1 和 T2 外,其余常规施肥配施生物菌剂处理在产值、均价和上等烟比例指标等的提升效果均具有显著性($P<0.05$),同时显著降低了下等烟比例,其中以 T7 处理整体提升效果最优。各烤烟经济性状指标如下:与对照(CK)相比,T1~T7 在产量方面提高了 6.77%~23.42%,其中 T7 提高了 19.98%;T3~T7 在产值方面显著提高了 22.87%~35.48%,其中 T7 显著提高了 35.48%($P<0.05$);T3~T7 在均价方面显著提高了 5.46%~14.91%,其中 T7 显著提高了 12.91%($P<0.05$);T3~T7 在上等烟比例方面显著提高了 8.34%~13.62%,其中 T7 显著提高了 13.62%($P<0.05$);T1~T7 在下等烟比例方面显著降低了 15.52%~59.7%,其中 T7 显著降低了 24.98%($P<0.05$)。

表 2-24 不同微生物菌剂处理下各育期烤烟的农艺性状

生育期	处理	有效留叶数	叶片鲜重/g	茎鲜重/g	根鲜重/g	株高/cm	茎围/cm	最大叶长/cm	最大叶宽/cm	地下部鲜重/地上部鲜重
团棵期	CK	11±0ab	18.8±2.9a	33.8±8.35b	26.01±5.39a	31.4±3.4a	5.2±0.5c	35.6±2.4ab	18.2±1.3ab	0.49±0.03a
	T1	13±1a	21.8±3.2ab	43.53±6.98b	28.09±2.01a	45.2±0.4a	6.7±0.3ab	38.8±1.1a	18.9±1.8ab	0.44±0.05a
	T2	11±0ab	18.5±1.1ab	32.37±2.07b	31.4±10.03a	28.7±2d	6±0.6bc	35.4±1ab	17.8±0.3b	0.64±0.24a
	T3	9±0c	18.9±2.2ab	32.3±2.32b	22.15±1.99a	36.5±2.7bc	6.5±0.5ab	35.7±2.2ab	18.2±0.8ab	0.43±0.03a
	T4	13±1a	16.8±2b	30.5±0.81b	23.39±3.17a	32.4±1.7cd	5.3±0.1c	33.8±1.6a	15.7±1.5b	0.49±0.04a
	T5	10±0a	17.6±1.2b	36.8±6.02b	26.82±2.56a	31.1±1.6cd	6.1±0.3bc	31.3±0.4b	17.1±1.6b	0.5±0.03a
	T6	12±1bc	26.2±3a	62.03±4.45a	35.68±1.45a	42.4±0.9ab	7.3±0.3a	38.8±0.6a	22±0.8a	0.41±0.02a
	T7	12±0a	19.7±2.5ab	36±3.18b	26.68±1.86a	33.5±1.6cd	6±0.3bc	34.3±1.3ab	17.8±0.5b	0.48±0.02a
旺长期	CK	14±1ab	21.3±0.76ab	62.4±8.09a	34.17±3.33a	48±3.5a	4.7±0.2ab	40±0.76a	17.8±0.2ab	0.42±0.06a
	T1	13±1ab	23±1.75ab	67.33±5.2a	35.73±1.07a	43.5±2.3a	4.5±0.3ab	39.67±1.45a	18.3±0.9ab	0.4±0.02a
	T2	14±1ab	21.4±1.12ab	69.57±8.65a	34.58±4.96a	44±3.5a	4.7±0.3ab	40.33±0.44a	18.5±0.5ab	0.38±0.02a
	T3	15±1a	23.7±4.86ab	82.97±17.37a	34.13±11.45a	46.5±5.9a	5.2±0.4ab	40±4.93a	21.2±2.2a	0.3±0.05a
	T4	12±1b	17.2±2.87b	50.53±7.91a	23.16±3.3a	43.7±2.3a	4.2±0.2b	37.83±1.42a	16.2±1.6b	0.34±0a
	T5	13±1ab	20.03±0.94ab	67±6.24a	34.39±0.27a	47±2.3a	4.7±0.2ab	39.83±0.17a	18.2±0.2ab	0.4±0.03a
	T6	14±1ab	25.37±2.05a	82.07±19.19a	36.46±7.16a	46.7±6.8a	5.5±0.5a	46.33±4.91a	19.7±0.9ab	0.34±0.01a
	T7	14±0ab	25.57±5.14a	65.6±2.15a	33.05±4.92a	42.3±1.2a	5±0.3ab	41.83±0.6a	18.3±0.9ab	0.37±0.06a
成熟期	CK	18±1a	19.4±1.75ab	93.93±3.95abc	51.76±4.18a	62.1±0.8a	6.7±0.4ab	42.7±1ab	19.5±1.7ab	0.46±0.03a
	T1	19±2a	19.17±3.23ab	75±13.33bcd	45.89±6.53a	56.1±2.1abc	7.2±0.6ab	45.7±2.8a	19±1.4ab	0.49±0.03a
	T2	20±0a	20.77±3.14ab	108.78±13.79a	54.86±13.03a	59.8±2.8ab	7.7±0.7a	45.4±2.6a	21.8±2.1a	0.42±0.08a
	T3	21±1a	24.2±6.08ab	103.03±10.95ab	53.23±7.48a	62.2±3.3a	7.1±0.5abc	44.7±1.3ab	21±0.5ab	0.41±0.03a
	T4	21±2a	15.5±2.42b	63.19±3.28cd	33.1±1.15a	50.3±4.1cd	6±0.2bc	39.3±1.3bc	17.3±0.2bc	0.42±0.02a
	T5	19±2a	21.2±0.81ab	54.05±5.2d	33.06±1.78a	46±1.5d	5.8±0.2c	36.5±0.6c	16.1±1.1c	0.44±0.02a
	T6	19±1a	29.9±4.29a	106.91±13.72a	52.23±8.38a	60.7±2.8a	7.3±0.2ab	44.2±1.2ab	22.2±1a	0.39±0.07a
	T7	21±2a	24.17±3.27ab	69.7±5.82cd	35.81±6.03a	53.3±0.9bcd	6.4±0.1abc	40±1.8abc	18.3±0.1abc	0.38±0.03a

注：不同小写字母为同一生育期不同处理间显著性差异（$P<0.05$），数值为平均值±标准差（下同）。

表 2-25 不同微生物菌剂处理下各生育期烤烟根系结构发育状况

生育期	处理	根长/cm	根投影面积/cm²	根表面积/cm²	根平均直径/mm	根体积/cm³	根尖数	分叉数	交叉数
团棵期	CK	2482.76±165.32b	177.1±12.26b	556.37±25.34c	2.32±0.21b	7.26±0.42b	9973±541.23b	13969±1563.32b	1484±131.21b
	T1	2269.79±221.14b	166.12±12.37c	521.87±31.23c	2.74±0.19a	9.72±0.64a	9285±231.33c	12910±1035.38b	1335±122.34bc
	T2	3186.08±135.12a	208.72±39.14a	555.71±23.05c	2.63±0.24a	9.8±0.52a	10894±112.34b	17069±1524.57a	1933±131.18a
	T3	2634.77±99.33b	172.89±41.22b	543.15±37.65c	1.71±0.19c	7.74±0.31b	7804±1012.33d	10758±1145.34b	1193±123.12c
	T4	2318.06±114.36b	152.86±13.01c	480.23±38.23cd	2.24±0.17b	8.29±0.64b	10988±892.12b	15192±1383.37b	1842±152.16a
	T5	1838.46±110.14c	228.17±15.45a	655.51±43.19a	2.62±0.34a	11.07±0.43a	12265±150.19a	15368±1328.27b	1779±152.13a
	T6	2407.02±86.27b	173.74±14.31b	545.82±31.37c	2.73±0.30a	10.26±0.62a	9590±953.12b	11638±1241.45c	1503±113.21b
	T7	3021.98±186.32a	224.04±17.54a	590.74±46.45b	2.77±0.11a	9.48±0.33a	11362±974.21a	17230±1677.32a	2042±158.26a
旺长期	CK	1783.73±181.33b	183.29±17.34ab	475.84±13.45b	3.93±0.09a	13.54±0.13ab	7643±534.23c	11618±124.40b	1168±124.44b
	T1	1620.92±184.22c	171.45±15.34ab	538.62±26.38b	4.58±0.16a	14.75±0.33a	8008±579.41b	11214±1423.33b	1053±87.32b
	T2	1938.55±65.22b	176.99±15.34ab	556.02±26.21b	4.79±0.33a	13.88±0.15ab	9019±942.45a	11015±1262.24b	1173±130.33b
	T3	1825.36±223.08b	167.31±13.23ab	525.61±28.31b	4.89±0.37a	12.93±0.15b	9121±733.23a	9742±864.31b	955±102.33b
	T4	1937.58±125.19b	148.1±10.23b	575.26±41.32a	3.43±0.47b	9.16±0.60c	8200±764.35b	10883±1184.39b	1269±105.37b
	T5	2662.79±261.12a	204.4±16.45a	642.15±51.24a	4.28±0.37a	12.94±0.14b	11781±1342.38a	15102±1231.42a	1762±152.24a
	T6	2015.08±175.31b	197.65±14.37a	620.94±21.23a	5.38±0.12a	15.98±0.16a	9917±864.32a	11325±123.31b	1026±76.33b
	T7	2759.06±164.21a	196.74±15.34a	523.83±41.07b	4.34±0.18a	14.03±0.13ab	9414±872.15a	11487±123.33b	1209±145.22b
成熟期	CK	1780.19±179.25b	209.43±24.32a	657.94±51.36b	6.78±0.51a	23.29±0.24a	9037±834.25a	12897±134.23a	1096±76.31b
	T1	2019.48±214.33a	222.43±12.33a	698.79±81.01b	5.26±0.32b	20.17±0.21b	9759±934.47a	13698±124.45a	1345±23.45a
	T2	1461.12±132.17b	210.85±11.34b	662.41±45.32b	5.83±0.17b	24.49±0.32a	6959±652.88c	9942±875.32a	719±54.29c
	T3	1697.19±173.19b	203.74±27.15b	640.08±48.33b	6.18±0.32a	25.3±0.42a	8914±974.24a	10398±1132.31b	916±77.34b
	T4	1889.01±165.32a	181.18±22.40b	569.18±45.32c	3.95±0.47c	14.29±0.13c	7795±632.4c	11207±105.53a	1058±78.45a
	T5	1758.95±112.31b	183.13±15.23b	575.33±31.25c	4.53±0.31c	15.29±0.16c	9864±861.45c	13750±1214.36a	861±76.38ab
	T6	2028.62±141.23b	203.76±16.47a	640.14±26.25cb	6.36±0.14a	22.2±0.25a	7013±434.33c	8925±764.13b	703±46.31c
	T7	2164.02±192.31a	245.25±21.36a	770.47±56.33a	6.37±0.33a	17.44±0.15a	9307±1152.33b	13604±1325.31a	1123±65.33a

表2-26 不同微生物菌剂处理下各生育期烟叶化学成分含量（%）

生育期	处理	总糖	还原糖	总氮（N）	总植物碱	钾（K₂O计）	氯离子（Cl⁻）	蛋白质	淀粉	碳	磷
团棵期	CK	10.66±0.08a	10.43±0.08ab	1.35±0.02c	0.46±0.03c	2.51±0.04c	0.45±0.05b	14.72±0.15a	7.76±0.43c	40.12±0.22a	0.31±0.01a
	T1	10.33±0.12a	9.75±0.13b	2.41±0.04b	0.33±0.02b	3.27±0.05b	0.57±0.06a	10.45±0.12b	20.05±0.34a	42.84±0.18a	0.25±0.06a
	T2	8.79±0.09b	8.55±0.06b	2.7±0.4b	0.43±0.03a	3.9±0.04a	0.63±0.04ab	13.53±0.16a	16.01±0.44a	43.1±0.33a	0.3±0.02a
	T3	12.61±0.14a	11.57±0.14a	2.79±0.27ab	0.38±0.02a	3.88±0.07ab	0.67±0.07ab	13.5±0.18a	12±0.16b	40.45±0.43a	0.31±0.18a
	T4	9.19±0.06b	8.87±0.45b	2.46±0.31b	0.43±0.01a	3.85±0.02ab	0.39±0.02b	12.11±0.15ab	12.81±0.16b	40.28±0.32a	0.24±0.07a
	T5	11.85±0.04a	11.41±0.14a	2.4±0.31a	0.44±0.02a	3.46±0.05b	0.36±0.07b	11.09±0.14b	11.71±0.15b	40.71±0.32a	0.24±0.01a
	T6	11.75±0.15a	11.13±0.07a	2.43±0.22a	0.35±0.03b	4.26±0.06a	0.88±0.04a	14.28±0.16a	7.6±0.45c	41.81±0.23a	0.29±0.06a
	T7	10.83±0.05a	9.82±0.65b	3.03±0.44a	0.42±0.02a	4.64±0.03a	0.39±0.27b	12.49±0.13ab	15.99±0.17a	40.58±0.32a	0.32±0.01a
旺长期	CK	13.22±0.08a	12.67±0.13b	1.53±0.12b	0.47±0.05a	2.42±0.07c	0.59±0.07b	10.15±0.13a	15.96±0.34a	43.37±0.36a	0.21±0.11a
	T1	14.48±0.17a	13.82±0.16b	1.7±0.14a	0.27±0.02b	3.39±0.26a	0.52±0.05b	8.7±0.56b	19.91±0.23a	43.63±0.32a	0.26±0.35a
	T2	16.98±0.13a	16.47±0.14a	1.66±0.34b	0.55±0.06a	2.71±0.14a	0.46±0.23b	7.65±0.65b	14.87±0.18b	41.76±0.31a	0.23±0.17a
	T3	11.59±0.17b	11.34±0.16b	1.69±0.17b	0.32±0.01b	3.58±0.45a	0.72±23a	8.17±0.65b	25.17±0.19a	42.27±0.35a	0.23±0.17a
	T4	16.25±0.13a	15.57±0.23a	1.98±0.19a	0.47±0.02a	3.34±0.21a	0.47±0.06b	9.36±0.69a	12.33±0.17b	43.44±0.35a	0.24±0.36a
	T5	14.26±0.06a	13.62±0.16b	1.91±0.15a	0.36±0.04b	3.49±0.45a	0.42±0.03b	8.92±0.34a	17.09±0.19ab	43.75±0.41a	0.26±0.26a
	T6	11.78±0.11b	11.35±0.05b	1.98±0.22a	0.36±0.05b	3.59±0.46a	0.66±0.04ab	8.47±0.56b	19.72±0.22a	42.93±0.21a	0.25±0.05a
	T7	18.54±0.13a	18.2±0.23a	2.24±0.23a	0.53±0.02a	3.63±0.44a	0.73±0.05a	10.51±0.46a	8.59±0.32c	42.25±0.47a	0.27±0.03a
成熟期	CK	8.97±0.05b	7.19±0.44b	1.96±0.18a	0.54±0.17a	2.65±0.23b	0.63±0.05b	9.78±0.67a	22.88±0.22b	45.85±0.32a	0.19±0.09b
	T1	6.9±0.11c	6.16±0.55bc	2.06±0.23a	0.56±0.56a	3.14±0.15a	0.81±0.06a	10.5±0.14a	21.56±0.25a	44.32±0.32a	0.23±0.07a
	T2	12.33±0.14a	10.94±0.14a	2.29±0.19a	0.49±0.23a	3.82±0.42a	0.91±0.07a	10.97±0.17a	11.18±0.16c	44.47±0.32a	0.24±0.6a
	T3	6.67±0.03c	5.84±0.04c	2.08±0.21a	0.45±0.21b	3.18±0.34a	0.86±0.06a	9.72±0.13a	25.91±0.23a	43.67±0.36a	0.23±0.05a
	T4	11.16±0.13a	9.82±0.15a	2.21±0.27a	0.52±0.13a	3.54±0.5a	0.67±0.04b	11.19±0.14a	10.1±0.14c	42.54±0.32a	0.23±0.04a
	T5	9.11±0.06b	7.89±0.56b	1.9±0.16a	0.51±0.04a	3.09±0.15a	0.54±0.03b	10.86±0.13a	13.44±0.15c	45.2±0.03a	0.24±0.03a
	T6	7.99±0.04b	6.83±0.4b	1.92±0.24a	0.37±0.05c	3±0.45a	0.74±0.05b	9.03±0.72a	26.99±0.24a	44.96±0.06a	0.24±0.01a
	T7	6.11±0.12b	4.74±0.32c	2.01±0.17a	0.56±0.03a	3.12±0.56a	0.58±0.07b	10.34±0.13a	22.18±0.17b	44.98±0.06a	0.24±0.01a

表 2-27 不同微生物菌剂处理对烤烟经济性状的影响

处理	产量/ (kg·hm^{-2})	产值/ (元·hm^{-2})	均价/ (元·kg^{-1})	上等烟 比例/%	中等烟 比例/%	下等烟 比例/%
CK	1936.4±133.13a	54 277.22±5017.34c	28.03±3.31b	58.36b	31.59ab	10.05a
T1	2178.02±187.33a	59 743.08±3278.01b	27.43±4.45b	62.49ab	33.46a	4.05c
T2	2067.58±187.43a	60 931.58±5614.66b	29.47±2.32a	61.13b	30.64ab	8.23b
T3	2256.12±207.56a	66 690.90±4311.70ab	29.56±1.62a	63.23a	28.46b	8.31b
T4	2145.54±227.56a	69 107.84±1204.25a	32.21±1.08a	65.55a	26.02b	8.43b
T5	2389.87±219.11a	72 150.17±4212.21a	30.19±1.57a	64.43a	28.12b	7.45b
T6	2236.34±156.33a	69 527.81±1257.32a	31.09±2.77a	65.21a	26.3b	8.49b
T7	2323.34±89.20a	73 533.71±4312.6a	31.65±3.05a	66.31a	26.15b	7.54b

(五)讨论

1. 常规施肥配施生物菌剂对植烟土壤养分积累的影响

本研究表明，配施生物菌剂能够显著提高土壤中无机氮的含量，这可能与生物菌剂有效地提高土壤微生物活性，增强微生物对无机氮的固持能力有关。氮素是作物生长发育所必需的营养元素，土壤中的有机质在矿化作用下转化为无机氮，才能被作物直接吸收利用。当土壤处于适宜的温度、水分、氧气和pH条件下时，土壤中的有机质能够被微生物分解释放出氮素，并被固定为铵态氮和硝态氮，这有助于减小肥料的损失。哈茨木霉能增大有机酸含量和H$^+$浓度，枯草芽孢杆菌能优化植物根际微生态环境，EM复合菌能促进动植物生长、增强抗病能力，三种广谱生物菌剂均具有提高养分利用率和含量的作用。

2. 常规施肥配施微生物菌剂对烤烟抗氧化酶活性和土壤碳氮获取酶活性的影响

生物菌剂能提高作物抗胁迫性和土壤酶活性，对于作物抗逆性和养分获取效率具有重要作用。本研究表明，不同生物菌剂复合施用可以提高烟叶抗氧化酶活性，保护烟草叶片组织细胞免受损伤，提高烤烟的抗逆能力并促进植株生长。过氧化氢酶是一种广泛存在于生物体内的酶，它可以消除细胞内有毒害作用的过氧化氢，从而保护细胞免受损害。过氧化物酶和超氧化物歧化酶也普遍存在于动植物体内，它们可以清除过氧化氢和其他有毒物质，具有双重清除作用。抗坏血酸过氧化物酶是植物细胞中一种重要的抗氧化酶类，可以降低氧化胁迫和活性氧积累对植物细胞的损伤。现有研究表明,微生物菌剂的使用可以提高烟叶保护酶过氧化氢酶、过氧化物酶和超氧化物歧化酶的活性,同时降低了丙二醛含量,增强烟株的抗逆性并提高烤烟经济性状,协调初烤烟叶化学成分。由本研究结果可知,常规施肥配施 2~3 种生物菌剂处理能提高土壤碳氮获取酶和土壤过氧化氢酶活性,在旺长期增幅最大,表明复合生物菌剂能提高植烟土壤的碳氮养分积累效率,这与现有研究是一致的。土壤脲酶的功能主要为促进土壤有机态氮向有效氮的转化,对于土壤氮素供应水平具有提高作用;土壤蔗糖酶则主要是参与土壤有机碳循环的酶,能反映土壤有机碳累积、分解和转化规律;土壤过氧化氢酶主要反映有机质的转化效率。以上结果共同表明常规施肥配施生物菌剂能提高植物抗氧化酶活性和土壤碳氮获取酶活性。

3. 常规施肥配施微生物菌剂对烤烟根系结构发育和农艺性状指标的影响

广谱生物菌剂能改善作物根际微生物群落组成,从而促进作物根系结构发育和地上部生长。本研究表明,配施生物菌剂可以改善烟草根系的发育情况,这种改善特别明显地体现在烤烟的团棵期和旺长期。烟草的水分和营养主要由烟株的根系吸收,而根系的分布和结构特征则在一定程度上决定了烟株吸收各种养分的数量。烤烟作为移栽性作物,其根系结构发育相比其余农作物具有更强的发育空间,根系的发育与大田期的农艺性状指标密切相关。大量研究表明,以哈茨木霉和枯草芽孢杆菌等广谱生物菌剂能对烟草地上部农艺性状、地下部根系形态和干物质积累量具有明显促进效果。木霉在土壤中定殖一方面能够产生有机酸,溶解土壤中难溶的微量元素,不仅易于招募根系促生微生物群落,同时能补充施肥缺失的微量元素,利于地上部生长发育。枯草芽孢杆菌菌体生长过程中,会产生枯草菌素、多黏菌素和制霉菌素等活性物质,同时也可合成一些如纤维素酶、脂肪酶和蛋白酶等酶类物质及生物碱和 B 族维生素,这些物质在植物生长发育进程中具有较强的促生作用。此外,三种生物菌剂的复合施用效果以常规施肥+哈茨木霉 0.2 g/株+枯草芽孢杆菌 0.2 g/株+EM 复合菌 0.2 g/株(T7 处理)较好,这可能是三种复合菌在土壤生态环境中具有相互协调的作用,为后续深入开展微生物组学、转录组学和蛋白组学多技术联用,进一步开展机理性研究提供了思路。

4. 常规施肥配施微生物菌剂对烟叶化学品质和经济性状指标的影响

生物菌剂对于烤烟化学成分协调性和经济性状提升具有正向促进作用。本研究结果表明,常规施肥配施生物菌剂处理能提高各生育期烟叶总氮含量、钾含量和以及除团棵期以外的磷含量,并且能显著提高烤烟经济性状。高峰等的研究结果显示,施用微生物菌剂于连续种植 5 年的烟草土壤中,能够显著提高烟草的经济性状。张良等的研究表明,施用复合菌剂和有机无机肥配合施用,能够明显提高烤烟的上中等烟比例和均价。牛莉莉等的研究表明,哈茨木霉配施腐殖酸肥能有效提高烟叶钾含量，这与本研究结果一致。同时，木霉菌和枯草芽孢杆菌等生防菌具有良好的促生抗病能力，这可能是保证大田成熟期鲜烟叶素质和初烤烟叶外观质量的重要因素之一。值得注意的是，本试验以常规施肥+哈茨木霉 0.2 g/株+枯草芽孢杆菌 0.2 g/株+EM 复合菌 0.2 g/株（T7 处理）烤烟的经济性状表现较好，高于其他处理，可能是因为三种菌剂的复合施用，更能促进烟叶品质的形成。此外，现有研究表明利用芽孢杆菌发酵烤烟、雪茄烟以及烟草浸提液后，样品感官质量能得到大幅度提升。

（六）结论

与常规施肥情况下不施菌剂相比，常规施肥配施 2～3 种生物菌剂能提升烤烟 NC102 的植烟土壤养分含量、土壤碳氮获取酶活性、土壤过氧化氢酶活性、烟叶抗氧化酶活性、烤烟有效叶数和叶片鲜重、根系结构发育，促进烤烟植株生长发育，提高烟叶经济性状。不同微生物菌肥由于对土壤养分改善的机制不同，导致其对土壤理化性质和土壤养分改变程度的作用层次有所不同，但多种生物菌剂复合施用有明显协同促进效应，其中以常规施肥+哈茨木霉 0.2 g/株+枯草芽孢杆菌 0.2 g/株+EM 复合菌 0.2 g/株（T7 处理）的表现较优。因此，为使烟草专用复合肥发挥保育与修复植烟土壤的最大潜力，需注重与多种生物菌剂的复合施用，优化无机肥和生物菌剂的配置，对烤烟 NC102 的烟叶生产可持续发展具有重要的实践意义。

二、微生物菌剂对 NC102 和 NC297 品种烟叶质量的影响

（一）材料与方法

1. 试验地概况

试验于 2022 年 3 月至 2022 年 9 月在云南省文山州和红河州开展，试验点 1 位于云南省文山州丘北县双龙营镇普者黑村（104°14′E，21°13′N，海拔 1420 m），种植 NC102 品种，试验地前作为小麦，土壤有机质为 35.59 g/kg，碱解氮含量为 133.94 mg/kg，速效磷含量为 32.78 mg/kg，速效钾含量为 529.7 mg/kg；试验点 2 位于云南省红河州建水县青龙镇青龙村委会（102°77′E，23°53′N，海拔 1410 m），种植 NC297 品种，试验地前作为红薯，土壤有机质平均值为 18.6 g/kg，碱解氮含量为 65.5 mg/kg，速效磷含量为 22.6 mg/kg，速效钾含量为 16.8 mg/kg。

2. 参试品种

参试品种为 NC102 和 NC297。生物菌剂分别为哈茨木霉、枯草芽孢杆菌、EM 复合菌，有效活菌数≥8.0 亿个/g，由国家增产菌技术研究推广中心、中国农业大学

农用生物制剂中试基地提供。

（二）试验设计

试验设计 4 个处理。

处理 1：使用菌剂为枯草芽孢杆菌 660 g/亩；

处理 2：使用菌剂为哈茨木霉菌 660 g/亩；

处理 3：使用菌剂为 EM 菌粉 660 g/亩；

对照（CK）为使用同等剂量的清水，在移栽期和伸根期施用。

除使用的菌剂不同外，不同处理的其他生产技术措施一致，其他按当地优质烟栽培规范进行施肥和田间管理。每个处理重复 3 次，每个处理约 3 亩，4 个处理合计 12 亩。

（三）测定项目及方法

1. 烟叶农艺性状调查

按照现行行业标准《烟草农艺性状调查测量方法》（YC/T 142—2010）进行调查和记载。

2. 烟叶外观质量和经济性状分析

初烤烟叶按照现行国家标准《烤烟》（GB 2635—92）进行分级，并按照试验年度产区的收购价格，计算经济效益。

3. 烟叶常规化学成分测定

按照现行行业标准《烟草及烟草制品　水溶性糖的测定　连续流动法》（YC/T 159—2002）、《烟草及烟草制品　总植物碱的测定　连续流动法》（YC/T 160—2002）、《烟草及烟草制品　总氮的测定　连续流动法》（YC/T 161—2002）、《烟草及烟草制品　氯的测定　连续流动法》（YC/T 162—2011）、《烟草及烟草制品　钾的测定　火焰光度法》（YC/T 173—2003）对初烤烟叶进行测定。

4. 烟叶感官质量评价

按照云南中烟单体烟感官质量企业标准进行评价。

5. 数据分析工具

采用 Excel 2016 对试验数据进行统计分析。

(四)数据分析

1. 不同微生物菌剂处理对烟叶主要生育期的影响

两个品种不同处理间的主要生育期基本一致,见表 2-28。综合分析认为,使用微生物菌剂和不使用菌剂无明显差异。

表 2-28 不同处理的主要生育期

品种	处理	移栽期(月/日)	移栽至现蕾天数/d	移栽至中心花开放天数/d	移栽至脚叶成熟天数/d	移栽至顶叶成熟天数/d	大田生育期天数/d
NC102	1	4/20	63	77	87	119	119
	2	4/20	64	78	87	120	120
	3	4/20	63	77	87	119	119
	CK	4/20	63	77	87	119	119
NC297	1	4/17	68	72	88	133	135
	2	4/17	68	72	88	133	135
	3	4/17	68	72	88	133	135
	CK	4/17	68	72	88	133	135

2. 不同微生物菌剂处理对烟叶主要植物学性状的影响

两个品种不同处理间的主要植物学性状基本一致,见表 2-29。综合分析认为,使用微生物菌剂和不使用菌剂无明显差异。

表 2-29 不同处理的主要植物学性状

品种	处理	株型	叶形	叶色	茎叶角度	主脉粗细	田间整齐度	成熟特性	生长势 苗期	生长势 栽后25 d	生长势 栽后50 d
NC102	1	塔形	长椭圆	浅绿	中等	粗	整齐	分层落黄	强	强	中
	2	塔形	长椭圆	浅绿	中等	粗	整齐	分层落黄	强	强	中
	3	塔形	长椭圆	浅绿	中等	粗	整齐	分层落黄	强	强	中
	CK	塔形	长椭圆	浅绿	中等	粗	整齐	分层落黄	强	强	中
NC297	1	塔形	椭圆	绿	中等	粗	整齐	分层落黄	强	中	中
	2	塔形	椭圆	绿	中等	粗	整齐	分层落黄	强	中	中
	3	塔形	椭圆	绿	中等	粗	整齐	分层落黄	强	中	中
	CK	塔形	椭圆	绿	中等	粗	整齐	分层落黄	强	中	中

3. 不同微生物菌剂处理对烟叶主要农艺性状的影响

除了 NC102 品种处理 2 的打顶株高与其余处理有明显差异外，其余处理对烟叶的主要农艺性状，如茎围、节距等无显著影响，不同处理对 NC297 品种的主要农艺性状也无明显差异，见表 2-30。综合分析认为，使用微生物菌剂和不使用菌剂无明显差异。

表 2-30 不同处理的主要农艺性状

地点	处理	打顶株高/cm	留叶数/(片·株$^{-1}$)	茎围/cm	节距/cm	腰叶长/cm	腰叶宽/cm
NC102	1	109.6a	22.0a	10.0a	5.0a	69.7a	27.8a
	2	117.1b	22.3a	10.2a	5.3a	69.3a	26.7a
	3	108.3a	22.3a	9.9a	4.9a	68.1a	29.1a
	CK	112.4a	22.0a	10.1a	5.1a	67.5a	28.4a
NC297	1	116.0a	21.0a	11.3a	5. a	71.1a	30.4a
	2	119.1a	21.3a	11.0a	5.6a	69.2a	29.8a
	3	120.9a	22.0a	11.0a	5.5a	72.5a	31.4a
	CK	118.7a	22.0a	11.1a	5.4a	70.2a	30.4a

4. 不同微生物菌剂处理对烟叶田间病害发生率的影响

文山丘北试验点种植的 NC102 品种，基本清秀无病害，除对照仅出现 0.1% 的烟草花叶病毒（TMV）外，其余处理无病害发生；红河建水试验点的 NC297 品种，仅出现黑胫病和气候性斑点病，病害发生率在 1%~2%，处理间差异不明显，见表 2-31。综合分析认为，使用微生物菌剂和不使用菌剂无明显差异。

表 2-31 不同处理的田间发病率（%）

品种	处理	TMV	赤星病	青枯病	黑胫病	气候性斑点病	根结线虫病
NC102	1	—	—	—	—	—	—
	2	—	—	—	—	—	—
	3	—	—	—	—	—	—
	CK	0.1	—	—	—	—	—
NC297	1	—	—	—	1	1	—
	2	—	—	—	—	2	—
	3	—	—	—	1	2	—
	CK	—	—	—	—	2	—

5. 不同微生物菌剂处理对烟叶经济性状的影响

综合来看：对于 NC102 品种，使用微生物菌剂的经济效益与不使用的经济效益接近至略高，其中处理 1 的亩产值和亩产量略高于其余处理；对于 NC297 品种，使用微生物菌剂的经济效益与不使用的经济效益接近并略高，处理 1 的亩产值和亩产量略高于其余处理，见表 2-32。

表 2-32　不同处理的主要经济效益

品种	处理	亩产量/kg	亩产值/元	均价/（元·kg^{-1}）	中上等烟比例/%
NC102	1	140.17	4512.61	32.19	61.00
	2	137.67	4397.33	31.94	60.51
	3	138.06	4438.64	32.15	59.26
	CK	137.52	4400.64	32.00	59.71
NC297	1	138.02	4187.16	30.35	60.52
	2	135.71	4141.87	30.52	59.80
	3	137.70	4024.97	29.23	51.59
	CK	136.98	4155.97	30.34	56.54

6. 不同微生物菌剂处理对烟叶外观质量的影响

选取 NC102 和 NC297 不同处理的 C3F 烟叶进行外观质量评价，根据烟叶外观质量分析可知，使用与不使用菌剂的差异不明显。在使用菌剂的处理中，处理 3 在叶片结构、身份上略低于其余处理，见表 2-33。

表 2-33　不同处理的烟叶外观质量

品种	处理	成熟度	叶片结构	身份	油分	色度
NC102	1	成熟	疏松	稍厚	多	强
	2	成熟	疏松	适中	多	强
	3	成熟	尚疏松	稍薄	中等	强
	CK	成熟	疏松	适中	多	强
NC297	1	成熟	疏松	稍厚	多	强
	2	成熟	疏松	适中	多	强
	3	成熟	尚疏松	稍薄	中等	强
	CK	成熟	疏松	适中	多	强

7. 不同微生物菌剂处理对烟叶常规化学成分的影响

根据常规化学成分检测发现，施用微生物菌剂与未施用相比，无明显规律性，见表2-34。

表2-34 不同处理的烟叶常规化学成分（%）

品种	处理	烟碱	总糖	还原糖	总氮	钾	氯
NC102	1	2.25	35.12	26.18	2.68	2.18	0.37
	2	1.99	33.15	24.59	2.36	1.89	0.24
	3	2.25	32.58	24.89	2.71	1.99	0.35
	CK	2.54	36.10	25.99	2.64	2.09	0.29
NC297	1	2.41	34.16	28.45	3.01	2.31	0.48
	2	2.30	36.77	26.41	2.69	2.45	0.50
	3	2.13	32.14	27.58	2.91	2.64	0.49
	CK	2.27	35.16	27.89	2.99	2.49	0.46

8. 不同微生物菌剂处理对烟叶感官质量的影响

选取NC102和NC297不同处理的C3F烟叶进行感官质量评价，评价结果如下：

处理1：烟气香韵协调性尚可，烟气绵柔感较好，刺激性较小，口腔干燥感稍明显；

处理2：烟气青杂、灰粉杂气较明显，劲头略显，刺激性较明显，口腔有颗粒残留感，回味较差；

处理3：烟气劲头稍显集中，稍偏上部烟，焦香稍明显，底段略偏枯焦，回味略偏枯，刺激性稍明显；

对照（CK）：烟气刺激性较显，杂气明显，口腔有颗粒残留感，回味较干燥。

香气特征，处理1>处理3>对照（CK）与处理2接近；

烟气特征，处理1>处理3>对照（CK）与处理2接近；

口感特征，处理1>处理3>对照（CK）与处理2接近。

综合分析认为，使用微生物菌剂的烟叶感官质量与不使用的感官质量接近至略高，其中处理1使用的枯草芽孢杆菌的处理，对烟叶感官质量中的刺激性改善有积极作用，在后续的研究中可深入探索微生物菌剂对烟叶感官质量的有益提升作用。

（五）讨论及总结

以往的研究认为，使用土壤微生物菌剂有利于烤烟烟株根系和地上部生长，提高烟叶的叶长和叶宽、茎围和节距等，延长烤烟的大田生育期，并在一定程度上对烟草的青枯病、根结线虫、黑胫病等有抑制作用。本次试验中，使用哈茨木霉、枯草芽孢杆菌、EM复合菌，在烤烟移栽时和伸根期施用，通过分析试验数据认为，使用微生物菌剂和不使用微生物菌剂在烟株的植物学性状、主要生育期、主要农艺性状、抗病性、烟叶常规化学成分方面无明显差异；在主要经济效益方面，使用微生物菌剂的经济效益与不使用的经济效益接近并略高；在烟叶感官质量方面，使用微生物菌剂的烟叶感官质量与不使用的感官质量接近并略高。在抗病性方面与以往的研究结论不一样的原因，可能是由于试验地整体发病率都低甚至没有病害，所以没体现微生物菌剂对土传病害的抑制作用，而在土壤中施用微生物菌剂对烟叶感官质量方面的影响鲜有报道，有直接将微生物菌剂使用在新鲜烟叶上烘烤的报道，认为节杆菌菌剂处理可降低初烤烟叶中烟碱含量，改善烟叶的品质，提高烟叶感官质量。本次试验为后续深入开展微生物菌剂的使用，进一步开展机理性研究提供了思路。

第四节 生态适应性研究

一、NC102烤烟品种在不同地区的生态适应性试验

（一）材料与方法

1. 试验地概况

试验于2021年在云南省昆明石林、大理湾桥、文山丘北、玉溪峨山、红河蒙自、保山腾冲进行，试验地土壤前作均为烤烟，连作一年。试验点气温和降水量等气候数据由气象观测局提供，具体数据见表2-35。

表2-35 试验区域生态条件

试验区域	经纬度	年降水量/mm	平均高温/℃	平均低温/℃
昆明石林	103°22′E，24°45′N	1177.1	23	11
大理湾桥	99°95′E，25°67′N	1236.1	23	10
文山丘北	104°21′E，23°59′N	2052.9	24	13
玉溪峨山	102°22′E，24°11′N	1102.1	23	11
红河蒙自	103°54′E，23°36′N	1140.2	25	12
保山腾冲	98°51′E，25°03′N	1765.8	24	11

2. 供试品种

NC102 烤烟品种。

（二）试验设计

在各试验点进行大田试验，种植行距 120 cm，株距 55 cm，每个试验点种植面积不小于 2 亩。烤烟于 4 月下旬移栽，于 4 月 30 日定植。

（三）测定项目及方法

1. 烟叶农艺性状调查

按照现行行业标准《烟草农艺性状调查测量方法》（YC/T 142—2010）进行调查和记载。

2. 烟叶外观质量和经济性状分析

初烤烟叶按照现行国家标准《烤烟》（GB 2635—92）进行分级，并按照试验年度产区的收购价格计算经济效益。

3. 烟叶常规化学成分测定

按照现行行业标准《烟草及烟草制品 水溶性糖的测定 连续流动法》（YC/T 159—2002）、《烟草及烟草制品 总植物碱的测定 连续流动法》（YC/T 160—2002）、《烟草及烟草制品 总氮的测定 连续流动法》（YC/T 161—2002）、《烟草及烟草制品 氯的测定 连续流动法》（YC/T 162—2011）、《烟草及烟草制品 钾的测定 火焰光度法》（YC/T 173—2003）对初烤烟叶进行测定。

4. 烟叶感官质量评价

按照云南中烟单体烟感官质量企业标准进行评价。

5. 数据分析工具

采用 Excel 2016 对试验数据进行统计分析。

（四）数据分析

1. 主要生育期

由表 2-36 可知，各试验点的 NC102 品种生育期在 124～127 d，各试验点的主要生育期基本一致。

表 2-36 不同试验点 NC102 品种的主要生育期

地区	团棵期（月/日）	现蕾期（月/日）	平顶期（月/日）	下部叶成熟期（月/日）	中部叶成熟期（月/日）	上部叶成熟期（月/日）	采收期结束（月/日）	大田生育期/d
昆明石林	5/29	6/29	7/1	8/2	8/18	8/28	9/6	126
大理湾桥	5/30	6/30	6/30	7/30	8/17	8/28	9/5	125
文山丘北	5/30	6/30	6/30	7/29	8/17	8/29	9/5	125
玉溪峨山	5/29	6/29	6/29	7/28	8/16	8/26	9/3	125
红河蒙自	5/28	6/27	6/27	7/28	8/17	8/26	9/3	124
保山腾冲	5/30	7/1	7/2	8/2	8/20	8/30	9/7	127

2. 烟叶鲜干重

由表 2-37 可知，中部烟叶鲜重最重，上部烟叶含水率最低，6 个地区相比较，保山腾冲的上部叶干鲜比值最高，昆明石林的中部叶干鲜比值最高，文山丘北的下部叶干鲜比值最高。综合分析认为，昆明石林试验点的烟叶干物质积累较高。

表 2-37 不同试验点 NC102 品种的叶片鲜干重　　　　　　　　单位：g

地区	上部叶鲜重	上部叶干重	中部叶鲜重	中部叶干重	下部叶鲜重	下部叶干重	上部叶干鲜比值	中部叶干鲜比值	下部叶干鲜比值
昆明石林	107.75	38.93	166.15	26.77	133.25	20.55	2.77	6.21	6.48
大理湾桥	110.30	40.63	169.89	28.26	138.96	23.56	2.71	6.01	5.90
文山丘北	113.29	42.65	170.34	31.87	154.82	23.45	2.66	5.34	6.60
玉溪峨山	111.54	42.95	172.95	33.67	156.27	25.45	2.60	5.14	6.14
红河蒙自	121.33	44.98	173.56	33.56	153.77	25.66	2.70	5.17	5.99
保山腾冲	105.45	34.67	157.87	27.34	146.64	22.34	3.04	5.77	6.56

3. 主要农艺性状

由表 2-38 可知，烤烟品种 NC102 在昆明石林地区的打顶株高及叶面积最大，打顶株高高出其他地区 18～10 cm，各试验点的茎围、节距和留叶数差异不明显，叶长宽以昆明石林最大，保山腾冲最低。综合来看，NC102 在昆明石林地区长势最好。

表 2-38 不同试验点 NC102 品种的农艺性状

地点	打顶株高/cm	茎围/cm	留叶数/(片·株$^{-1}$)	节距/cm	叶长/cm	叶宽/cm	单叶叶面积/m²
昆明石林	120.30	11.1	22.0	6.5	82.1	32.2	0.17
大理湾桥	110.91	11.2	20.3	6.0	74.0	30.4	0.14
文山丘北	108.57	10.1	21.0	5.0	77.3	31.1	0.15
玉溪峨山	109.95	10.3	21.0	7.5	80.1	28.0	0.14
红河蒙自	105.15	10.4	20.3	7.0	65.2	26.3	0.11
保山腾冲	102.98	10.1	20.0	6.0	61.3	25.3	0.10

4. 田间发病率

由表 2-39 可知，品种 NC102 高抗黑胫病和根黑腐病、中抗青枯病、抗烟草花叶病。NC102 在不同地区的种植条件下各病害的发病率存在差异，其中以昆明石林的表现最好，抗烟草花叶病毒（TMV）、青枯病与角斑病发病率均低于其他地区。

表 2-39 不同试验点 NC102 品种的发病率（%）

地区	TMV	黑胫病	青枯病	角斑病	根黑腐病	气候性斑点病
昆明石林	3.24	0.44	1.65	0.13	0.48	2.48
大理湾桥	5.13	0.35	2.54	0.26	0.57	2.67
文山丘北	4.59	0.68	1.98	0.34	0.64	1.95
玉溪峨山	3.86	0.49	2.36	0.25	0.46	2.54
红河蒙自	4.71	0.57	2.64	0.15	0.59	2.68
保山腾冲	5.27	0.66	2.59	0.22	0.68	2.93

5. 烟叶感官质量

由表 2-40 可知，品种 NC102 表现为香气量较足，杂气较轻，微有刺激性，回味较舒适，烟气浓度中等，劲头适中。从总分来看，种植在昆明石林的表现最好，评分相对高于其他地区。

表 2-40 不同试验点 NC102 品种的烟叶感官质量

地区	香气量（20）	香气质（20）	浓度（10）	刺激性（15）	劲头（5）	杂气（10）	干净度（10）	湿润感（5）	回味（5）	总分（100）
昆明石林	17.0	16.94	7.97	12.69	4.39	7.67	8.46	3.97	4.72	83.82
大理湾桥	16.8	17.02	7.06	11.87	3.82	7.68	7.95	3.88	3.83	79.99

续表

地区	香气量（20）	香气质（20）	浓度（10）	刺激性（15）	劲头（5）	杂气（10）	干净度（10）	湿润感（5）	回味（5）	总分（100）
文山丘北	16.43	16.32	7.31	12.45	4.03	7.19	7.84	3.76	4.03	79.36
玉溪峨山	16.41	16.49	7.21	11.96	3.56	7.47	7.34	4.13	4.62	79.19
红河蒙自	16.83	16.77	7.62	12.13	3.75	7.09	7.53	3.49	3.76	78.97
保山腾冲	16.42	16.62	7.46	12.33	3.81	7.19	7.75	3.67	3.93	79.18

（五）讨论与结论

试验点的气候条件对NC102品种的生长周期、烟叶品质和病害发生率有直接影响。昆明石林地区相对较低的发病率和较高的烟叶品质可能与其稳定适宜的气候条件有关。此外，不同地区的土壤类型和前作状况也可能影响品种的适应性和产量。同时，NC102品种耐肥性较好，尤其是对氮肥有较高的承受力，但不适宜在降水量过多地区种植，否则会导致烤烟生育期延长，烟叶品质下降。根据试验结果显示，在不同的生态环境下，对NC102品种的农艺管理策略进行适应性调整可能有助于提高产量和品质。对于病害较为严重的地区，增强病害管理措施可能有助于降低损失。

NC102烤烟品种在云南省的不同试验点表现出了良好的生态适应性，尤其是在昆明石林地区最为突出，NC102在昆明石林表现出较高的烟叶品质、较低的病害发生率以及优良的农艺性状。这些结果强调了生态条件对烤烟品种表现的重要影响，因此，可根据地区的具体生态条件拟订细致的种植计划，充分发挥该品种的生产潜力。

二、NC297烤烟品种在不同地区的生态适应性试验

（一）材料与方法

1. 试验地概况

试验于2021年于云南省昆明石林、大理湾桥、文山丘北、玉溪峨山、红河蒙自、保山腾冲进行，试验地土壤前作均为烤烟，连作一年。试验地的气温和降水量等气候数据由气象观测局提供，具体数据见表2-41。

2. 供试品种

NC297烤烟品种。

表 2-41　试验区域生态条件

地点	经纬度	年降水量/mm	平均高温/℃	平均低温/℃	海拔/m
昆明石林	103°22′E，24°45′N	1177.1	23	11	1679
大理湾桥	99°95′E，25°67′N	1236.1	23	10	1986
文山丘北	104°21′E，23°59′N	1127.3	24	13	1452
玉溪峨山	102°22′E，24°11′N	1102.1	23	11	1691
红河蒙自	103°54′E，23°36′N	1140.2	25	12	1764
保山腾冲	98°51′E，25°03′N	1765.8	24	11	1750

（二）试验设计

在各试验点进行大田试验，种植行距 120 cm，株距 55 cm，每个试验点种植面积不小于 2 亩。烤烟于 4 月下旬移栽，于 4 月 30 日定植。

（三）测定项目及方法

1. 烟叶农艺性状调查

按照现行行业标准《烟草农艺性状调查测量方法》（YC/T 142—2010）进行调查和记载。

2. 烟叶外观质量和经济性状分析

初烤烟叶按照现行国家标准《烤烟》（GB 2635—92）进行分级，并按照试验年度产区的收购价格计算经济效益。

3. 烟叶常规化学成分测定

按照现行行业标准《烟草及烟草制品　水溶性糖的测定　连续流动法》（YC/T 159—2002）、《烟草及烟草制品　总氮的测定连续流动法》（YC/T 161—2002）、《烟草及烟草制品　总植物碱的测定连续流动法》（YC/T 160—2002）、《烟草及烟草制品　氯的测定连续流动法》（YC/T 162—2011）、《烟草及烟草制品　钾的测定　火焰光度法》（YC/T 173—2003）对初烤烟叶进行测定。

4. 烟叶感官质量评价

按照云南中烟单体烟感官质量企业标准进行评价。

5. 数据分析工具

采用 Excel 2016 对试验数据进行统计分析。

(四) 数据分析

1. 主要生育期

由表 2-42 可知,除保山腾冲和昆明石林的 NC297 品种大田生育期较长,其余地区生育期均在 124~125 d。

表 2-42 不同试验点 NC297 品种的主要生育期

地区	团棵期 (月/日)	现蕾期 (月/日)	平顶期 (月/日)	下部叶成 熟期 (月/日)	中部叶成 熟期 (月/日)	上部叶成 熟期 (月/日)	采收期 结束 (月/日)	大田 生育期 /d
昆明石林	5/30	7/1	7/1	8/2	8/18	8/28	9/6	126
大理湾桥	5/30	6/30	6/30	7/30	8/17	8/28	9/5	125
文山丘北	5/30	6/30	6/30	7/29	8/17	8/29	9/5	125
玉溪峨山	5/29	6/29	6/29	7/28	8/16	8/26	9/3	124
红河蒙自	5/28	6/27	6/27	7/28	8/17	8/26	9/3	124
保山腾冲	5/30	7/2	7/2	8/2	8/20	8/30	9/7	127

2. 烟叶鲜干重

由表 2-43 可知,中部烟叶鲜重最重,6 个地区相比较,红河蒙自的上部叶干鲜比值最高,大理湾桥的中部干鲜比值最高,玉溪峨山的下部叶干鲜比值最高。

表 2-43 不同试验点 NC297 品种的叶片鲜干重　　　　　　　　单位:g

地区	上部叶 鲜重	上部叶 干重	中部叶 鲜重	中部叶 干重	下部叶 鲜重	下部叶 干重	上部叶干 鲜比值	中部叶干 鲜比值	下部叶干 鲜比值
昆明石林	131.75	42.83	176.63	36.76	143.66	22.59	3.08	4.80	6.36
大理湾桥	134.30	46.63	177.89	33.26	148.96	23.56	2.88	5.55	6.32
文山丘北	145.29	48.65	180.76	35.34	152.82	23.45	2.99	5.11	6.52
玉溪峨山	165.54	49.95	183.55	41.69	156.56	26.65	3.31	4.40	6.87
红河蒙自	176.33	51.98	179.56	39.56	153.57	27.68	3.39	4.54	5.55
保山腾冲	145.45	42.67	177.87	35.34	146.67	22.74	3.00	5.03	6.45

3. 主要农艺性状

从表 2-44 中可直观看出，NC297 品种的打顶株高和节距在红河蒙自地区最高，昆明石林的打顶株高和茎围、节距最低，留叶数、烟叶长和宽是玉溪峨山最高。综合来看，NC297 在玉溪峨山与红河蒙自地区长势最优。

表 2-44　不同试验点 NC297 品种的农艺性状

地区	打顶株高/cm	茎围/cm	留叶数/(片·株$^{-1}$)	节距/cm	叶长/cm	叶宽/cm	单叶叶面积/m^2
昆明石林	120.02	8.1	19.9	5.3	74.52	29.61	0.14
大理湾桥	128.28	11.3	20.7	5.4	75.41	26.31	0.13
文山丘北	123.32	10.0	20.1	5.1	78.13	30.13	0.15
玉溪峨山	134.14	11.4	23.2	7.9	87.02	34.41	0.19
红河蒙自	137.19	11.3	20.2	8.2	84.61	33.12	0.18
保山腾冲	120.51	9.2	19.3	6.6	64.32	29.12	0.12

4. 田间发病率

由表 2-45 可知，品种 NC279 高抗角斑病、根黑腐病。NC297 在不同地区的种植条件下各病害的发病率存在差异，其中以玉溪峨山与红河蒙自的表现最好，抗烟草花叶病毒（TMV）、黑胫病、青枯病与角斑病发病率均低于其他地区，且红河蒙自发病率最低。

表 2-45　不同试验点 NC297 品种的发病率（%）

地区	TMV	黑胫病	青枯病	角斑病	根黑腐病	气候性斑点病
昆明石林	1.95	2.34	3.12	0.39	0.68	3.12
大理湾桥	2.06	1.67	2.84	0.46	0.59	2.64
文山丘北	2.14	1.83	3.07	0.75	0.52	2.51
玉溪峨山	0.98	0.27	1.14	0.29	0.61	2.46
红河蒙自	0.65	0.69	0.98	0.37	0.37	1.68
保山腾冲	1.85	2.71	2.59	0.54	0.69	3.49

5. 烟叶感官质量

由表 2-46 可知，品种 NC297 表现为香气量较足，杂气较轻，微有刺激性，回味较舒适，烟气浓度中等，劲头适中。从总分来看，种植在玉溪峨山与红河蒙自的表现最好，评分相对高于其他地区。

表 2-46　不同试验点 NC297 品种的烟叶感官质量

地区	香气质（20）	浓度（10）	刺激性（15）	劲头（5）	杂气（10）	干净度（10）	湿润感（5）	回味（5）	总分（100）
昆明石林	16.8	8.0	12.8	4.8	6.9	7.4	4.5	3.5	80.7
大理湾桥	16.5	8.0	11.9	4.0	7.2	7.9	3.7	3.7	79.9
文山丘北	17.3	7.3	12.5	4.0	7.2	7.8	3.8	4.0	80.4
玉溪峨山	17.2	7.8	13.0	4.5	7.8	8.7	4.6	4.4	85.1
红河蒙自	17.2	8.1	12.8	4.7	7.2	8.1	4.6	4.7	84.5

（五）讨论与结论

NC297 品种在保山腾冲和昆明石林地区的生长周期较长，可能是因为这些地区的特定气候条件包括温度、降水量和海拔对烤烟的生育期产生了影响。表明 NC297 品种的生长周期对不同生态条件适应性不同。NC297 在红河蒙自地区的打顶株高、节距、留叶数以及烟叶的长宽比表现较好，可能是因为红河烟区有效钙、镁、锌、铁含量较丰富，更适宜品种 NC297 种植。病害发生率的分析显示，玉溪峨山与红河蒙自地区的 NC297 品种抗病性较强，尤其是对抗烟草花叶病毒（TMV）、黑胫病和青枯病的抗性表现较好。从烟叶的感官质量评价中可以看出，玉溪峨山与红河蒙自地区的 NC297 品种在香气量、浓度、刺激性、劲头等方面得分较高，说明这些地区的生态条件可能更适合提升烟叶的感官品质。

NC297 烤烟品种在云南省的不同试验点表现出了良好的适应性，尤其是在玉溪峨山与红河蒙自地区，从农艺性状、病害发生率到烟叶的感官质量的表现更为优异。表明 NC297 可以作为玉溪峨山烟区和红河蒙自烟区后备烤烟品种，可结合当地生态条件，进一步完善其配套栽培调制技术，以充分发挥品种的生产潜力。

第三章

烟叶成熟采收和烘烤管理

第一节 烟叶成熟采收研究

一、烟叶成熟度研究进展

成熟度是烟叶品质形成的关键因素，也是烤烟国家标准中划分烟叶等级的重要指标之一。自20世纪80年代以来，世界优质烟主产国之间烟叶质量竞争的核心就是成熟度。国内学者从烟叶外观颜色、色素含量变化、化学成分变化等对成熟度进行了大量不同角度的研究。宫长荣认为成熟度是烤烟国家标准的第一品质因素，是烟叶质量的中心。朱尊权院士提出，烟叶成熟度是烤烟品质和分级标准中评定等级的第一要素。随着烤烟在大田里的生长发育，其内在的化学物质在不断地变化，一般来说，随着烟株的生长发育，烟叶中的总糖、还原糖的含量会上升，淀粉会不断地下降，烟碱会不断地积累。而烤烟化学物质的协调性很大程度上影响了烤烟的品质，烤烟的适时采收在收获较好成熟度烟叶的同时，也节约了人力物力，符合目前烟草精益生产的要求。准确把握烟叶的成熟度，适时采收成熟烟叶，进行恰当烘烤，可提高烟叶质量，增加农民收益。

（一）国内外烟叶成熟度研究进展及概念

烟叶成熟度是表征烟叶质量的一个概念，是指田间烟叶发育过程中干物质积累趋向于适宜要求的质量水平，也是烟叶适于调制加工和满足最终卷烟可用性要求的质量状态，包括田间成熟度和工艺成熟度。田间成熟度是烟叶在田间生长发育过程中表现出的成熟程度；当烟叶生长至可采收的程度时，即可进行烟叶采收。我国现行国家分级标准中，将烟叶成熟度划分为完熟、成熟、尚熟、欠熟和假熟5个档次；而国际烟叶市场将烟叶的成熟度划分为生青、不熟、欠熟、生理成熟、近熟、工艺成熟、完熟、过熟和非正常情况下假熟等不同档次。分级成熟度是田间收获的叶片经烘烤调制后形成的产品按采收标准而划分的成熟档次。田间成熟度是分级成熟度的物质基础，分级成熟度是田间成熟度的根本体现和最终要求。国内学者也提出将淀粉含量作为烟叶成熟度的判断指标，淀粉含量达到最高值的时间即为烟叶工艺成熟期，田间烟叶成熟最直观的特征是烟叶出现落黄。烟叶颜色的变化实质上是质体色素（叶绿素和类胡萝卜素）含量变化的外在表现，叶绿素含量下降而导致的叶片失绿被认为是植物衰老最显著的特征,其与叶绿体中类囊体膜逐渐崩解有关。细胞超微结构观察发现,在烟叶成熟过程中,细胞内叶绿体首先出现衰老症状,具体表现为细胞空隙变大,叶绿体肿胀呈不规则形状,基粒个数和类囊体数量逐渐减少,类囊体膜结构丧失,淀粉粒和嗜锇颗粒数量增多、体积增大,并向细胞中部游离。在烟叶成熟过程中,叶绿素、类胡萝卜素和质体色素总量均随成熟度增加而逐渐降低,其中叶绿素较类胡萝卜素含量下降速率更快,降解量更大,两者之间的比例变化使不同成熟度烟叶颜色产生差异。烟叶叶绿素含量在成熟过程中变化显著且易于测定,所以常被作为衡量烟叶成熟度的重要指标。

此外,烟叶成熟过程是一个复杂的生理生化变化过程,在烟叶成熟过程中,很多生理生化指标都会出现显著的变化。很多研究表明,烟叶成熟过程,碳代谢中淀粉含量逐渐增加直至烟叶工艺成熟期,总碳、还原糖含量也呈增加趋势,淀粉酶活性逐渐降低,之后淀粉含量下降,淀粉酶活性逐渐上升;而氮代谢中硝酸还原酶活性、总氮含量逐渐降低,蛋白质和烟碱含量均在生理成熟前达到最高值,生理成熟后开始下降。顾永丽等对云烟87的中、上部叶成熟过程主要生化指标进行了研究,结果表明,随烟叶变黄程度的增加,硝酸还原酶活性、总氮、蛋白质含量逐渐下降,淀粉、总糖、还原糖、烟碱含量先升后降,而淀粉酶活性则先降后升。中、上部叶淀粉酶活性谷值、淀粉、总糖、还原糖、烟碱含量峰值分别出现在烟叶综合变黄60%~70%及70%~90%时。随着烟叶变黄程度的增加,中、上部叶主要生化指标在烟叶综合变黄60%~70%、80%左右出现拐点。

(二)烟叶成熟度与烟叶质量的关系

1. 烟叶成熟度与烟叶外观质量的关系

烟叶外观质量是评判烟叶成熟度最直接的标准,烟叶成熟度与外观质量之间的关系不是简单的正相关或者负相关,其呈现的是类似抛物线型的变化趋势。在烟叶从不成熟到适宜成熟的过程中,其外观质量呈改善趋势,但是从适宜成熟到过成熟的过程中,其外观质量又呈现下降的趋势。大量的研究及实践表明,适宜的成熟度才能提高烤后烟叶的外观质量,而不是单纯的正效应或者负效应。蔡宪杰等采用量化的方法,定量分析了烟叶成熟度和外观质量的关系,结果表明,在烟叶外观质量的各个指标与成熟度的统计关系中,与成熟度呈极显著正相关关系的有颜色、色度、叶片结构和上部烟叶身份;与成熟度呈显著正相关的只有油分。

2. 烟叶成熟度与烟叶物理特性的关系

卷烟工业中,烟叶的可用性很大程度上受到烟叶的物理特性影响。烟叶的物理特性与其生长、发育和组织结构密切相关,而烟叶成熟度与其生长、发育和组织结构也有密切关联。研究表明，烟叶的物理特性会随着不同成熟度的变化而发生变化，但各种物理特性指标如燃烧性能、吸湿性、弹性、填充性、单位面积重量、含梗率等在成熟度变化过程中的趋势不同。研究人员分析了物理特性与烟叶成熟度之间的关系，发现成熟度对不同的物理特性指标的影响不同，烟叶的填充能力和燃烧性能与成熟度呈正相关，而单位面积重量和叶片厚度与成熟度呈负相关关系。此外，进一步观察研究了烟叶的组织切片，发现随着成熟度的提高，叶片中的栅栏组织厚度、单位面积细胞数、单位长度内栅栏组织个数以及海绵组织细胞数呈下降趋势，而且随着叶片成熟程度的提高，下降的幅度也越大。另外，这些指标对叶片的重量和厚度有影响，上述指标的降低将直接导致单叶重和叶片厚度的下降。因此，烟叶不能太晚采收，否则会导致烟叶中的物质消耗，从而使单位面积重量减轻，叶片厚度变薄。研究还指出，烟叶在适度成熟时具有最佳的耐破度、拉力和伸长率，过熟或欠熟会使其物理特性不能处于最佳状态。进一步分析成熟度与物理特性之间的关系发现，烤烟的厚度、叶面密度和叶片拉力在烤烟上、中、下三个部位中与烟叶成熟度呈极显著负相关，而平衡含水率和含梗率则与成熟度呈极显著正相关，叶片填充值与成熟度之间没有显著的相关关系。此外，不同品种不同成熟度的烟叶物理特性不同。张银军等研究了云烟85、K326和红花大金元烤烟品种的不同成熟度烟叶在相同调制条件下物理特性的变化，发现调制前后三个烤烟品种的物理特性差异显著。云烟85的适熟叶叶长和叶宽变幅最大，叶片疏松度、叶片厚度和密度适中；红花大金元欠熟叶的叶长和叶宽变化幅度最大，叶片疏松度、厚度和密度较好；K326的过熟叶的厚度、密度、组织结构和致香物质的保有量最好。因此，烟叶的物理特性与品种、成熟度密切相关。

3. 烟叶成熟度与烟叶化学特性的关系

烟叶化学成分是决定其品质的内在要素之一。由于化学成分可在试验室环境中使用仪器设备进行检测和定量分析，因此，有关烟叶化学成分与烟叶成熟度之间关系的研究一直是烟草化学领域的关注焦点和热点。随着烟叶的后期成熟过程，烟叶的物理性质和内部成分经历一系列的分解和转化，这些变化对烟叶的化学组成和品质产生显著影响。王涛等以K326烤烟品种为研究对象，经烘烤后，烟叶的总糖和还原糖在三个不同部位（上部、中部和下部）随着成熟度的提高呈现出先增加后减少的趋势。然而，植物碱和总氮的变化行为在这三个部位中存在差异，对于K326中部烟叶而言，总植物碱和总氮在成熟度提高时呈现先增加后减少的趋势，而对于上部烟叶，总植物碱和总氮在成熟度提高时整体上呈增加趋势。此外，随着成熟度的提高，K326三个部位的烟叶淀粉含量呈现先下降后上升的趋势，但蛋白质含量与成熟度之间没有明显的相关性。朱忠等对K326烤烟不同成熟度上中部烟叶的22种重要中性香味物质研究表明，大多数香味物质的含量及所测物质中醛类、酮类、醇类的总量都随着成熟度的增加而呈增加的趋势。通过对成熟度进行量化评分，并对各种常规化学成分与成熟度之间进行回归分析，发现还原糖、烟碱、钾和氯与成熟度之间存在显著的回归关系，而总氮与成熟度之间的回归关系不显著。Gopa Lam 的研究表明，将烟叶的成熟度控制在 87%到 90%范围内，可以使烟叶中的各项化学指标保持在较为适宜的水平。因此，及时采收烟叶对于获得高质量的烟叶至关重要。但截至目前国外研究机构也有不同的研究结果表明，随着烟叶成熟度的增加，烟碱含量增加，总糖和淀粉含量降低，总氮在一定程度内降低。总之，关于成熟度与化学成分之间的关系当前尚无一致的结论，这可能与烟叶品种、烟叶的香型、烟叶成熟度标准以及分析方法的差异有关。

4. 烟叶成熟度与烟叶感官质量的关系

烟叶感官质量是决定烟叶品质的主要因素之一，成熟度是影响烟叶香气进一步提升的关键因素，直接影响着卷烟的口感和吃味。烟叶感官质量包括香型、香气质、香气量、吃味、刺激性、劲头、柔和度等多个方面。大量研究表明，烟叶感官质量指标与烟叶成熟度密切相关。对于香气质而言，过熟的烟叶香气质最好；而对于香气量、劲头和灰色而言，适熟的烟叶最佳；在综合得分方面，适熟的烟叶具有最高的感官评吸综合得分，过熟的烟叶综合得分最低。整体而言，研究得出的结论是烤后烟叶的内在质量随着成熟度的提高呈现先升后降的趋势。因此，欠熟和过熟的烟叶均不利于形成最佳的内在质量，只有适宜的成熟度才有利于形成最佳内在质量的。烟叶的致香物质含量则是烟叶感官质量的一个重要组成部分，也是目前研究的重点之一。研究发现，不同成熟度的上部烟叶中性香味成分的含量差异较大。刘百战等在成熟和完全成熟的叶片中检测到了 9 种香味成分，而欠熟和尚熟的烟叶中只检测到了 3 种中性香味成分。另外，对于中部烟叶的香气成分分析发现，不同种类的致香物质随着成熟度的提高，其含量变化趋势不同。例如，十六碳酸和烟碱的含量随成熟度的增加而增加，而苯甲醛、β-大马酮和 2-呋喃甲醛的含量则随成熟度的增加而降低。赵铭钦等对致香物质随成熟度变化的趋势进一步研究发现，成熟度较好的烟叶致香物质的含量明显高于成熟度较差的烟叶。在烟叶从欠熟到完全成熟的过程中，烤后烟叶总香气成分、醇类和酮类的含量呈升高趋势，而醛类香气物质的含量先升高后降低。在未熟到过熟的过程中，上部烟叶中各香气成分以及总香气成分的含量随成熟度的提高而逐渐升高，而中部烟叶在升高后稍有降低的趋势。蔡宪杰等（2004）通过定量分析方法对烟叶成熟度与感官质量的关系研究中发现，在烤烟的三个部位中，烟叶感官质量的香气质、香气量、余味、燃烧性、灰色等 5 个指标与成熟度呈极显著正相关，而刺激性、杂气 2 个指标与成熟度呈极显著负相关。烤烟的成熟度是影响烟叶香气质量的重要因素，而香气质量与烤烟评吸质量有着密切的联系。不同部位烤后烟叶的评吸质量也有着较大的差异。王涛等对 K326 不同部位不同成熟度烤后烟叶的评吸结果分析发现，与常规采收时间相比，在推迟采收 5 天后，K326 中部叶的评吸得分较高，主要集中在劲头、刺激性和余味指标上得分明显高于其他常规采烤。在推迟采收 10 天时，其评吸得分较低，主要表现在香气质、香气量、杂气、劲头、刺激性和余味指标上。K326 上部叶的评吸总得分各处理间差异不明显，但整体上来看，推迟 5 天的采烤效果会较好。

5. 烟叶成熟度与烟叶烘烤特性的关系

成熟度是指导烟叶采收的主要判别指标，也是烤烟国家标准中划分烟叶等级的重要指标之一。在烟叶进入烤房前，一定要对鲜烟素质进行观察，不同的鲜烟叶素质要有不同的烘烤工艺进行烘烤。烟叶采收成熟度会直接影响鲜烟素质的形成，进而对烟叶烘烤特性及烤后品质产生影响。陈颐等以不同成熟度采收的 K326 中部叶为试验材料，研究了鲜烟素质对产质量的影响。李峥等通过对不同成熟度 K326 烤烟的上部叶的烘烤特性进行了研究，通过暗箱试验发现，随成熟度的提升，烟叶在暗箱环境中的变黄速率和变褐速率均有所加快。不同成熟度烟叶变黄速率和变褐速率的变化趋势基本保持一致。变黄速率呈先快后慢的变化趋势。变褐速率则表现为先慢后快的变化趋势。依据暗箱试验 K326 过熟和适熟烟叶的易烤性好，尚熟烟叶易烤性中等，但过熟烟叶变黄时间快于适熟烟叶，表明成熟度越高，易烤性越好；K326 上部过熟烟叶耐烤性中等，尚熟和适熟烟叶耐烤性好，且适熟烟叶褐变耗时最长，表明成熟度越高，耐烤性越差。烟叶成熟度对烟叶含水量及水分状态也有一定的影响。李峥等对 K326 尚熟、适熟、过熟鲜烟叶的含水量进行了研究，发现 K326 叶片含水量、主脉含水量、整叶含水量、叶片自由水含量、叶片束缚水含量均表现为：尚熟>适熟>过熟；自由水/束缚水的比例大小表现为：过熟>适熟>尚熟。在烘烤过程中，鲜烟含水量与烘烤质量形成密切相关，鲜烟含水量过高容易挂灰，含水量过低则容易烤青。宫长荣提出，从外观质量上看，外观成熟度越低的烟叶烤后含青度越高，光泽弱，油分差，组织致密。

（三）影响烟叶成熟的因素

烟叶从叶原基分化到发育成熟是一个漫长的过程，其生长发育不仅受其基因型决定，还会受光、温、水、土等自然因素和人为栽培条件的影响。宫长荣认为，影响烟叶成熟的因素很多，主要有气候因素、土壤条件、栽培条件、叶片在茎上的着生部位和遗传因素等。闫克玉提出光照、营养发育状况、采收和烘烤技术影响烟叶的成熟度。因此，烟叶的成熟及成熟度受内外因素的共同影响。

1. 遗传因素

烟叶成熟度与烤烟品种有密切的关系。不同品种的烤烟，其田间生长状况和成熟时间均有差异，主要是在成熟过程中，烟株内部的各种新陈代谢、基因表达、激素合成的变化可反映出来。有研究表明，在相同的田间管理条件下，不同品种的烤烟打顶后的酶活性差异显著。张晓蕴等研究发现，在成熟前期，烤烟品种豫 5、NK4 的硝酸还原酶和转化酶活性较高，烟株碳水化合物的积累较强，其后持续减弱；成熟后期，烤烟品种豫 6 和 NK4 的 α-淀粉酶的活性较高，使得碳水化合物的代谢强度减弱缓慢，有利于烟叶的充分成熟。烤烟的基因型决定了烟株的株型、留叶数、需肥特性生长周期和烘烤特性，因此，可认为烤烟的品种（基因型）从根本上决定着烟叶的成熟时期。

2. 烟叶着生部位

叶片是植物光合作用的主要器官，同一烟草植株上，不同着生部位的烟叶，外观质量、内在质量、化学成分等都存在差异。叶片在烟株上着生的位置决定着烟叶生长所处的生态因子和时间空间的不同，进而影响其叶片代谢活动、组织结构和生理生化特点。聂荣邦等对 K326 和翠碧 1 号烤烟不同部位烟叶的自由水和束缚水含量进行了研究，发现下部叶总水分含量和自由水含量较高，束缚水含量较低、在烘烤过程中表现脱水较易，脱水速率较快。中部叶水分含量适中，在烘烤过程中，脱水能顺利进行，脱水速率和变黄速率易协调，易烤性好。上部叶与下部叶水分含量呈相反趋势，在烘烤过程中表现脱水较难，脱水速率较慢。主要可能是由于下部烟叶生长在光照差，湿度大，通风不良，营养物质还要不断向上部正在生长的叶片输送的情况下；中上部烟叶处于光照充足，通风良好的有利条件下，由于生长条件的不同，导致烟叶成熟的特征也不一样。

3. 气候因素

光照、温度、水分是影响烟叶成熟的重要因素。烤烟是喜温喜湿喜光作物，光照和温度对烤烟的品质和产量有直接影响，提高烟草产量和品质的根本途径是改善烟草的光合性能，较好的光照、较高的温度和较少的降雨是保障烟叶成熟过程中的光合作用的重要条件。烤烟大田生长期所需 500～700 h 日照时数，日照百分率要达到 40%，成熟采烤期需要 280～300 h 日照时数，日照百分率要达到 30% 才能生产出优质烟叶。烟草生长发育的最适温度是 25～28 ℃，在 20～28 ℃ 温度范围内，烟叶的内在质量有随成熟期平均温度升高而提高的趋势。尹智华等提出，气候对烤烟生产影响巨大，是影响烟叶成熟度最重要的因素之一。例如广东南雄烟区，烤烟生长中后期天气雨水偏多，光照不足，田间渍水严重，影响根系发育，造成中上部烟叶身份偏薄，耐熟性较差，落黄较快，成熟期较短，假熟烟较多，严重影响了烟叶成熟度。

纬度和海拔分布涉及的温度、光照、降水等，是影响烤烟生长发育、物质代谢、结构和功能等的重要生态因素。云南低纬度烟区，烤烟整个生长季内持续高温，温差变化小，空气湿度大，烤烟前期生长迅速，旺长期缩短，烟株过早开始生殖生长，提早进入成熟期，但烟叶光合作用的碳代谢不足，烟叶糖类物质合成累积较少。云南日照时数在区域分布上具有西边多，东边相对较少，中南部比北部多，滇东北及以北地区日照最少。处于北纬 25°~26°的云南重要烟叶产区，其光照资源较优越，可促进烟叶面积增长，叶片增厚，碳的累积代谢增强，烟叶碳氮代谢协调，烟叶化学成分协调性、稳定性较好。

4. 土壤因素

土壤是烟草生长发育所需营养元素的来源，土壤类型、土壤肥力、土壤含水量、土壤酸碱度及土壤质地，均影响烟叶化学成分和烟叶组织结构，也影响烟叶的成熟过程。有机质是表征土壤肥力的重要指标，通过土壤有机质含量的变化可以判断土壤中氮肥力的等级，土壤有机质含量低于 1.5%或速效氮小于 60 mg/kg 的土壤属于低氮肥力土壤；土壤有机质含量为 1.5%~3.0%或者速效氮为 60~120 mg/kg，属于中等肥力土壤；土壤有机质含量高于 3.0%或者速效氮高于 120 mg/kg，属于高肥力土壤。土壤有机质含量和氮素含量过高时，如果按照常规施肥，烟叶后期容易贪青晚熟，不易正常落黄，甚至形成黑暴烟或者憋烟，烤后的烟叶主脉粗，叶片过厚，烟碱及蛋白质含量过高，色泽差，刺激性大，品质较差；土壤有机质含量过低时，会导致所产烤烟香气不足。

逢涛等对生长在云南植烟区的土壤类型（红壤、黄壤、水稻土和紫色土）中的 K326 烟叶中的主要化学成分进行了分析，发现黄壤条件下种植的 K326 烟叶特点比较突出，与其他土壤条件下种植的 K326 烟叶相比，具有烟碱、石油醚提取物、挥发碱、钙含量较高而总糖和还原糖含量、糖碱比、pH 较低的特点。这可能是由于土壤等条件不同，致使烟株生长发育过程中水、肥、气、光、热等环境产生差异，影响到了决定烟叶风格的化学成分的积累、转化和降解过程，最终主导了烟叶的风格形成。尽管烤烟对土壤的适应性很强，但对具有鲜明风格特色烟叶生产来讲，烤烟对土壤有较强的选择性。因此，在种植烤烟的过程中了解土壤生态条件，对于提高田间烟叶成熟度和品质具有重要的意义。

5. 适时打顶

及时进行顶部修剪和合理保留叶片对于确保烟叶正常成熟至关重要。修剪植株的顶部并疏除杈节可以抑制烟草植株的生殖生长，避免下部叶片向上部叶片输送的养分过多地集中于上部叶片，从而防止叶片面积和厚度的增加。此外，修剪后，植株的根系得到促进发育，提高了根系的吸收能力和养分转运功能。这使得根部合成的烟碱向叶片内积累，从而提高烟叶中烟碱的含量，并促使叶片提前成熟。通常建议在烟草蓓蕾阶段进行修剪，同时保留18~22片叶子。如果修剪过低或者叶片留得过少，烟叶的成熟往往会受到延迟的影响。相反，如果不进行修剪，让烟草植株自行开花，大量的养分将用于生殖生长，导致叶片内部的养分不足，无法真正成熟，尤其是下部叶片，通常表现为假熟现象。研究还表明，修剪后根系的碳氮代谢活性增强，前体物质供应增加，这对于调控烟碱的合成起到了重要作用。

6. 合理采收

一片烟叶的生长经历大致可以分为四个阶段，从茎顶端开始，包括幼叶生长期、旺盛生长期、生理成熟期和工艺成熟期，当烟叶达到工艺成熟期时，其内部的各种化学成分开始朝着有利于提高烟叶品质的方向发生转化，这时所采摘的烟叶具有最佳的品质。然而，如果在烟叶未达到工艺成熟期时进行采摘，烟叶内部的化学成分可能尚未完全协调，这将导致烤制后的烟叶质量较差，也会降低经济效益。相反，如果烟叶已经到达工艺成熟期却仍然不进行采收，其内部的化学成分将继续分解、转化和消耗，这将导致烟叶产量和品质下降，从而降低经济效益。因此，正确把握烟叶的成熟度，并及时采摘是至关重要的。

烟叶的采收遵循一些基本原则，烘烤专家宫长荣教授提出"熟一片、收一片"，也就是只采收成熟的叶片，不采收生叶，同时确保不漏采成熟的叶片。通常情况下，从烟株的底部叶片开始，一次采收5~10片，每次采收1~3片。至于顶部的4~6片叶片，它们通常在成熟后一次性采收，两次采收之间的时间间隔一般为5~7d。烟农根据多年的种植经验总结出一些采收原则："对于下部叶，当它们呈现出绿黄色时，适时早收；中部叶呈现淡黄色时，适合采收；至于上部叶，当它们完全呈现黄色时，表示充分成熟，可以采收。"最好在早上露水干后或者下午4时以后进行采收，这样有助于正确判断叶片的成熟度，同时避免日光暴晒。如果天气干燥，最好选择采露水烟；但如果烟叶在成熟时遇到雨水返青，应该等待它重新表现出成熟特征后再进行采收。在采收时，需要注意不采收生叶，不丢弃成熟的叶片，不让叶片沾土，不暴露在阳光下过久，不挤压或损伤叶片。

二、采收成熟度对NC102和NC297烟叶品质的影响

（一）材料和方法

1. 试验材料

供试品种为NC102和NC297，由玉溪中烟种子有限责任公司提供。试验于2023

年在玉溪市江川区九溪镇马家庄村（海拔 1730 m，N 24°18'14″，E 102°38'13″）进行。种植约 10 亩，按适宜的需肥量施肥，栽培出分层落黄，正常落黄成熟的鲜烟叶。

2. 试验设计

试验采取随机区组排列，共设 3 个处理，重复 3 次，共 9 个小区，种植行距 120 cm，株距 50 cm，合理设置保护行，以减小试验误差。根据当地实际采收情况，以中部叶为试验材料，按尚熟、适熟和过熟 3 种成熟度档次在田间采收鲜烟叶样品。其外观特征为：

处理 H1（尚熟）：叶色绿黄，叶面落黄六成左右，主脉绿白，茸毛部分脱落，栽后 85±4 天；

处理 H2（适熟）：叶色浅黄，叶面落黄八成左右，主脉全白发亮，支脉变白，叶尖、叶缘下卷，叶面起皱，有成熟斑，栽后（90±4）d；

处理 H3（过熟）：叶色黄白，枯尖焦边，栽后（100±4）d。

采摘、编竿时确保同一烟叶部位、成熟度均衡一致，在当地主推工艺下密集烤房进行烘烤。

3. 取样与分析

（1）光合特性分析：分别于烤烟成熟期每小区各处理随机选择 10 片烟叶，测定叶片的 SPAD 值。

（2）石蜡切片的取样方法：剪取所取样品的中脉两侧约 0.5 cm×0.5 cm 的小块，材料用 FAA 固定，常规石蜡切片法，切片厚度为 10 μm，苏木精染色，加拿大树胶封片，制成永久制片，用显微镜观察拍照。

（3）扫描和投射电镜的取样方法：取样时，避开叶片主脉和大的侧脉，剪取不同成熟度的烟株上部叶，剪成 3 mm×3 mm，置于青霉素小瓶中，使叶片充分浸泡在戊二醛固定液中固定，用注射器抽气使叶片充分浸泡在固定液中，用于后续扫描电镜和透射电镜的观察。

（4）烟叶常规化学分析：按照现行行业标准《烟草及烟草制品 水溶性糖的测定 连续流动法》（YC/T 159—2002）、《烟草及烟草制品 总植物碱的测定 连续流动法》（YC/T 160—2002）、《烟草及烟草制品 总氮的测定 连续流动法》（YC/T 161—2002）、《烟草及烟草制品 氯的测定 连续流动法》（YC/T 162—2011）、《烟草及烟草制品 钾的测定 火焰光度法》（YC/T 173—2003）对初烤烟叶进行测定。

（5）烟叶感官质量评价：按照云南中烟单体烟感官质量企业标准进行评价。

（6）数据分析工具：采用 Excel 2016 对试验数据进行统计分析。

(二)数据分析

1. 不同采收成熟度对鲜烟叶 SPAD 值的影响

从表 3-1 中结果可知,不同采收成熟度的品种间鲜烟叶的 SPAD 值存在显著差异($P<0.015$),其中尚熟鲜烟叶 SPAD 值显著高于适熟和过熟,表明鲜烟叶叶绿素含量均随烟叶成熟度的提高而下降。

表 3-1 各处理下的烤烟品种鲜烟叶的 SPAD 值分析

品种	处理	SPAD 值
NC102	尚熟	46.93a
NC102	适熟	27.67b
NC102	过熟	19.37c
NC297	尚熟	45.68a
NC297	适熟	24.91b
NC297	过熟	18.12c

2. 不同采收成熟度对鲜烟叶常规化学成分的影响

由表 3-2 可知,不同采收成熟度之间的鲜烟叶总糖、还原糖、淀粉和蛋白质含量存在显著性差异($P<0.05$)。在烟叶碳代谢指标方面,两个品种的鲜烟叶总糖含量和还原糖含量大小均表现为适熟>尚熟>过熟,而在淀粉含量上表现为尚熟>适熟>过熟;在烟叶氮代谢指标方面,鲜烟叶蛋白质含量大小表现为适熟>过熟>尚熟,表明不同采收成熟度对鲜烟叶含糖化合物和含氮化合物产生了较大影响。

表 3-2 不同采收成熟度下鲜烟叶主要化学成分分析(%)

处理		总糖	还原糖	淀粉	总氮	烟碱	蛋白质
NC102	尚熟	13.07b	9.39b	35.88a	1.40a	1.34a	9.51b
NC102	适熟	15.15a	11.62a	26.64b	1.71a	1.87a	11.25a
NC102	过熟	12.19b	8.78b	21.96b	1.57a	1.76a	10.98b
NC297	尚熟	15.04b	11.22b	36.60a	1.34a	1.29a	8.22b
NC297	适熟	16.20a	13.39a	28.58b	1.63a	1.76a	10.22a
NC297	过熟	14.24b	9.01b	21.99b	1.47a	1.68a	8.36b

3. 不同采收成熟度对烟叶叶片组织形态结构的影响

由表 3-3 可知，不同采收成熟度处理下烟叶栅栏组织厚度和海绵组织厚度存在显著性差异（$P<0.05$），指标大小均表现为适熟>过熟>尚熟。由此可见，尚熟、适熟和过熟烟叶组织细胞形态差异很大，其中适熟烤烟品种 NC102 栅栏组织厚度和海绵组织厚度最大。

表 3-3 鲜烟叶烟叶组织结构分析　　　　　　　　　　　　　　　单位：μm

品种	处理	栅栏组织厚度	海绵组织厚度	上表皮细胞厚度	下表皮细胞厚度	叶厚	组织比（栅栏/海绵）
NC102	尚熟	47.41b	58.99b	66.75a	7.70a	146.05a	0.80a
	适熟	54.65a	65.12a	74.19a	9.62a	150.98a	0.82a
	过熟	49.50b	61.38a	72.79a	9.92a	153.49a	0.79a
NC297	尚熟	47.51b	58.91b	63.68a	7.87a	147.71a	0.81a
	适熟	54.37a	62.63a	74.06a	9.44a	157.76a	0.84a
	过熟	49.18b	62.71a	71.56a	9.48a	149.94a	0.77a

4. 不同采收成熟度对初烤烟叶经济效益的影响

从表 3-4 中结果可知，不同采收成熟度处理下的 2 个品种初烤烟叶亩产值、上等烟比例和均价存在显著性差异（$P<0.05$），均以适熟处理下的初烤烟叶亩产值最高，过熟次之，尚熟最低。从表中可知，虽然尚熟烟叶平均亩产量比适熟叶高，但由于尚熟烟叶等级结构偏低，其平均单价低于适熟叶，所以适熟烟叶产值高于尚熟烟叶。

表 3-4 不同采收成熟度初烤烟叶经济效益

品种	处理	亩产量/kg	亩产值/元	均价/（元·kg^{-1}）	上等烟比例/%
NC102	尚熟	169.31a	5006.50b	29.57b	55.74b
	适熟	166.15a	5733.84a	34.51a	58.99a
	过熟	165.12a	5125.32b	31.04b	52.27b
NC297	尚熟	181.31a	5361.34b	29.57b	53.52b
	适熟	171.06a	5923.80a	34.63a	60.78a
	过熟	165.65a	4938.03b	29.81b	49.14b

5. 不同采收成熟度对初烤烟叶感官质量的影响

由表 3-5 中结果可知，NC297 和 NC102 品种从尚熟至适熟，烟叶吃味变醇和，杂气和劲头减小，香气量提高，余味变好，但至过熟时烟叶的枯焦杂气明显，感官质量明显变差，适熟烟叶感官质量明显优于尚熟和过熟烟叶。

表 3-5 不同采收成熟度初烤烟叶感官评吸质量分析

品种	处理	香韵	香气量	香气质	浓度	刺激性	劲头	杂气	干净度	湿润	吃味	合计
NC102	尚熟	8.0	11	12.5	7.0	13.0	5.0	6.5	7.5	4.0	3.0	77.5
	适熟	8.0	12.5	12.5	8.0	13.0	5.0	8.0	7.5	4.0	3.5	82.0
	过熟	7.5	12.5	12.5	8.0	11.5	4.5	7.0	7.0	4.0	3.5	78.0
NC297	尚熟	7.5	12	12.5	8.5	12.0	5.0	6.5	7.5	4.0	3.0	78.5
	适熟	8.0	12.5	13	8.0	12.0	5.0	8.0	7.5	4.5	3.5	82.0
	过熟	7.5	12.5	12.5	8.0	11.5	4.5	7.0	7.0	4.0	3.5	78.0

6. 不同采收成熟度在暗箱试验中变黄变褐时长

由图 3-1 至图 3-3 可直观地看出，在暗箱试验中，不同采收成熟度下新鲜烟叶的变黄、变褐速度与程度相差很大。过熟烟叶（60 h）的变黄速度快于尚熟烟叶（84 h）与适熟烟叶（72 h）。同时，过熟烟叶的变褐时间（120 h）明显早于尚熟烟叶（144 h）与适熟烟叶（132 h），且变褐程度为最深，192 h 时尚熟烟叶仅有叶缘叶尖变褐，而过熟烟叶近乎整片烟叶变褐。

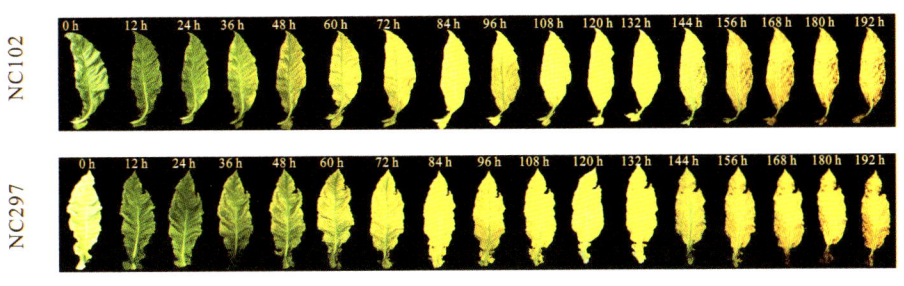

图 3-1 尚熟烟叶暗箱变化情况

图 3-2　适熟烟叶暗箱变化情况

图 3-3　过熟烟叶暗箱变化情况

（三）讨论与结论

本试验通过研究 NC102 和 NC297 品种不同采收成熟度下鲜烟叶素质差异以及对初烤烟叶产值量和感官质量的影响，可以获得以下结论：

（1）在不同采收成熟度处理下，鲜烟叶内在素质差异显著，NC297 和 NC102 品种鲜烟叶总糖含量、还原糖含量表现为适熟>尚熟>过熟，蛋白质、烟碱和总氮含量大小表现为适熟>过熟>尚熟，而叶绿素和淀粉含量是尚熟>适熟>过熟。

（2）组织形态结构显微观察结果显示，不同采收成熟度的 NC297 和 NC102 其烟叶栅栏组织厚度均表现为适熟>过熟>尚熟；海绵组织厚度 NC297 表现为过熟>适熟>尚熟，而 NC102 表现为适熟>过熟>尚熟。

（3）从经济效益和感官质量的影响来看，适熟采收处理下的初烤烟叶亩产值较高；且香气量和香气质较高，刺激性和杂气较小，吃味醇和，感官质量总分较高，综合表现为适熟>尚熟>过熟。

综合以上结果，NC102 和 NC297 品种在适熟采收时，烟叶经济效益和感官质量明显优于尚熟和过熟采收，而适熟采收的鲜烟叶素质显著差异指标具体表现在 SPAD 值、总糖含量、还原糖含量、淀粉含量和蛋白质含量以及组织结构和细胞超微结构上。

 ## 第二节 烘烤特性研究

烟草品种的特性决定了其农艺性状和内在质量，优良的品种对提高烟叶质量至关重要，同时也是影响烟叶内在品质的主要因素。不同品种的产量和质量潜力存在差异，与自然条件以及栽培调制技术密切相关。

烘烤特性是烟叶在田间生长过程中通过农艺措施获得的，在烘烤过程中表现出来的烟叶自身的变黄和失水特性。根据烟叶在烘烤过程中变黄、变褐和失水的特性，将烟叶的烘烤特性分为易烤性和耐烤性两方面。易烤性反映在烘烤过程中烟叶变黄、失水的难易程度，一般将烘烤过程中较易变黄，较易脱水的烟叶认为是易烤性较好的烟叶，反之则易烤性差；耐烤性主要指烟叶在定色期包括干筋期对环境变化的敏感程度和耐受性，定色期对环境变化不敏感或不易变褐的烟叶被认为是耐烤性较好的烟叶，反之则为不耐烤。烘烤特性受多种因素的影响，前人为准确描述烟叶烘烤特性，进一步将烟叶的易烤性分为烟叶的变黄特性、失水特性、耐烤性，并通过暗箱试验和烘烤试验相结合的方式测定烟叶的烘烤特性。

1. 烟叶变黄特性

烟叶变黄特性作为烟叶易烤性指标之一，主要受烟叶色素降解特性的影响。叶绿素的降解是烘烤过程中烟叶颜色变化的重要因素，烟叶变黄的主要原因是叶绿素的逐渐降解，类黄素含量逐渐增加。在前人大量的研究中发现，烟叶烘烤过程中，色素的降解速率和降解量可用于表征烟叶的变黄特性，认为色素降解量大，降解速率快的烟叶为易烤性较好的烟叶，反之则易烤性较差。色素的降解除烟叶自身特性外，还与烟叶的失水特性相关。色素的降解表现在烟叶上则为烟叶变黄的难易程度、变黄的一致性和烟叶变黄与失水的协调性上。变黄的难易程度可以通过暗箱试验和烘烤试验中烟叶的变黄时间表示，变黄的一致性是表示烟叶实际变黄程度与烟叶目标变黄程度的差异，需要通过烘烤试验验证，变黄与失水的协调程度则需要烘烤试验验证烟叶变黄与失水的一致性。一些学者研究发现质体色素含量与颜色参数显著相关，通过颜色参数可以反映烟叶质体色素含量及外观特征变化，为了客观、标准化地描述烟叶在烘烤过程中颜色的变化，借助颜色模型，可定量地描述烟叶的颜色特征。

不同的品种、生态条件、农艺管理措施、采收成熟度等对烟叶的变黄特性都具有较大的影响。曹想采用暗箱试验和电烤箱试验法研究烤烟新品种 HN2146 的烘烤特性时发现，HN2146 上部和中部烟叶暗箱变黄时间比云烟 87 较长，从暗箱试验角

度看 HN2146 的变黄特性较云烟 87 差。任一鹏在研究不同品种烟叶在烘烤过程中色素和水分含量变化时发现，不同品种烟叶的色素含量存在差异，且烟叶中的色素含量在很大程度上影响了烟叶的变黄程度。武圣江采用贵州本地主栽品种在暗箱试验中引入烟叶颜色参数和 SPAD 值，研究不同品种间烟叶的烘烤特性，结果表明颜色参数和 SPAD 值可以快速无损地检测烟叶外观颜色参数的变化，可以表征烟叶的变黄特性。魏光华采用烘烤试验研究不同施氮量对烟叶烘烤特性的影响，结果表明随着施氮量的不断增加，烟叶色素的降解速率和降解量逐渐降低，烟叶的变黄速率降低，变黄难度加大。变黄失水的协调程度可以通过烟叶的变黄程度与失水程度计算，变黄失水协调程度值小于 0 说明变黄、失水程度不足，变黄失水协调程度值大于 0 说明变黄、失水程度较高，变黄失水协调程度值越趋近于 0，变黄失水性越协调。变黄失水协调程度的绝对值越大，变黄与失水协调性越差，烤坏烟的比例越高。杨鹏在不同类型难变黄烟叶烘烤特性研究中发现，烟叶变黄与失水相协调时烟叶变黄特性好，烟叶在变黄期色素降解速率中等但失水慢时，容易出现干物质过度消耗而产生的挂灰；变黄期如果色素降解慢而失水速率过快时，烟叶容易烤青。所以在烟叶烘烤过程中需要了解烟叶的变黄特性与失水特性，在烟叶变黄速率的基础上注意变黄与失水的协调程度，确保烟叶外观黄软协调。

2. 烟叶失水特性

烟叶水分分为自由态和结合态两种，被胶体颗粒物质或亲水物质紧紧吸附的水是结合态水，不易移动和损失，存在于细胞原生质内和细胞间隙里的水是自由态的水，自由态的水能自由移动，容易散失。烘烤过程中主要是自由水的散失，水分排出途径以叶表面蒸发为主；液态的水分从栅栏组织和海绵组织转移到表皮细胞，然后通过表皮进行扩散。不同烟叶的组织结构不同，烟叶的保水能力存在差异，进而导致烟叶的失水量、失水速率和失水均衡性出现差异；而烟叶的失水速率、失水量和失水均衡性被认为是衡量烟叶失水特性的重要指标。烟叶烘烤的本质是以热量为媒介，完成烟叶内部水分的散失和内涵物质的转化。烘烤过程中烟叶发生的生理变化都受烟叶水分动态变化的影响，且烟叶烘烤过程中水分的动态表现为前期失水少，失水速度慢，中期失水多，失水速度快，后期失水又少，失水速度又减慢。

前人研究表明，不同的烟叶品种、生态条件和烟叶成熟度等都会导致烟叶组织结构、烟叶含水量等存在差异，进而影响烟叶的失水特性。朱林等人以云烟 87 为对照，研究湘烟 7 号失水和变黄特性。结果表明，云烟 87 和湘烟 7 号的失水速率都表现为慢—快—慢的趋势，但是云烟 87 在变黄中后期和定色中后期的失水速率达到最高，而湘烟 7 号在定色期和干筋期前期失水速率达到最大。说明不同品种间的失水速率变化趋势存在相同点，但也存在差异。魏硕在研究 K326 上部叶烘烤过程失水特性时发现，在烘烤过程中，叶面积收缩率和主脉周长收缩率均随烘烤温度的升高呈逐渐增大趋势，全叶失水程度和主脉失水程度均与主脉周长收缩率呈显著线性正相关，叶片失水程度与叶面积收缩率呈显著线性正相关，所以可以通过烟叶和主脉的变形程度判断烟叶的失水程度。夏春等人研究认为，随烟叶成熟度提升，叶厚、上下表皮厚度、栅栏组织厚度、海绵组织厚度、栅栏细胞密度、海绵细胞密度和紧密度呈降低趋势，海绵组织厚度、疏松度逐渐增大，烟叶的保水能力也逐渐降低，烤后烟叶收缩率增大。李晨曦、张希等人研究认为，不同品种的烟叶在烘烤过程中的失水速率和失水量具有差异，在变黄期失水速率快、失水量大的容易造成烟叶含青，在变黄期失水速率慢，定色期失水速率快的烟叶容易发生棕色化反应，使烟叶难定色。曹阳研究种植密度对K326的烘烤特性影响时得出，在种植密度为15 400株/hm^2和16 800株/hm^2时，烟叶的失水速率在变黄期升高，定色期前后下降，各阶段失水速率接近，失水速率均衡，失水特性好的结论。胡近近研究发现，不同供氮形态烟叶失水特性的差异主要体现在变黄阶段和定色阶段失水速率的均衡上。30%氨态氮+70%硝态氮施氮比例和50%氨态氮+50%硝态氮施氮比例的烟叶在变黄期具有较高的失水速率，在变黄末期具有较多的失水量，在烘烤过程中各阶段失水速率比较均衡。

3. 烟叶耐烤性

耐烤性是烟叶重要的烘烤特性之一，指烟叶在变黄期和定色期对烤房环境变化的耐受程度，耐烤性好的烟叶表现为不易变褐，烤后黑糟烟叶少。烟叶变褐主要原因是酶促棕色化反应，在烘烤过程中由于烟叶组织细胞逐渐死亡，细胞膜透性增强，使咖啡酸、绿原酸、芸香苷等多酚类物质可以和多酚氧化酶自由接触，打破原来烟叶内的氧化还原平衡，多酚类物质被氧化成醌类物质，使烟叶颜色变褐。所以在前人研究中，根据烟叶变褐发生的原因，常以烟叶中多酚氧化酶（PPO）的活性，总酚类物质含量以及指示细胞膜完整程度的烟叶组织电导率和丙二醛（MDA）含量，烟叶变褐时间、变褐指数等指标来判断烟叶的耐烤性。多酚氧化酶作为保护性酶，所以烟叶生产过程中逆境的发生，会增强烟叶内多酚氧化酶活性，增大烘烤过程中酶促棕色化反应发生的概率；此外，烟叶含水率对于细胞膜透性和酶促棕色化反应的发生具有重要作用。

在烟叶烘烤过程中烟叶多酚氧化酶活性呈先升高后渐低的趋势，且在42~46 ℃（变黄末期）时，多酚氧化酶活性最高，54 ℃以后活性基本消失。王传义对8个烤烟品种上、中、下部叶多酚氧化酶与烘烤特性的研究中得出，不同品种、不同部位烟叶在烘烤过程中多酚氧化酶的活性不同，上部叶多酚氧化酶活性显著高于中、下部叶，NC89、云烟85、红花大金元3个品种的烟叶多酚氧化酶活性小于翠碧1号和K326的结论。施肥量对烟叶多酚氧化酶也有较大影响，李建东研究认为：高于5 g/盆的纯氮施用量可以增强各部位烟叶烘烤过程中多酚氧化酶的活性，低于5 g/盆的纯氮施用量可以降低中下部叶烘烤过程中多酚氧化酶的活性；磷（P_2O_5）施用量低于 7.5 g/盆，能够有效降低前 72 h 烘烤过程中的多酚氧化酶活性；钾（K_2O）施用量高于 15 g/盆可以提高下部烟叶的多酚氧化酶活性，但显著降低烘烤过程中其活性的峰值，若高于 20 g/盆，则能显著降低中上部烟叶在变黄后期和定色前期的多酚氧化酶活性。烟叶烘烤是一个水分不断散失的过程，是一个烟叶水势逐渐降低的过程。雷东锋研究认为，烟叶水势过高或过低，多酚氧化酶的活性都会降低，且在-872.78 kPa 水势条件下，多酚氧化酶活性最高。

烟叶电导率与丙二醛（MDA）含量之间存在显著的正相关关系，烟叶渗出液电导率和相对电导率与烟叶细胞膜的完整性关系密切，同样可作为判定烟叶耐烤性的指标。李静浩等研究发现，在烟叶出现褐变后，其绝对电导率、相对电导率也随之出现增速变大的趋势，并且这两者均随着褐变程度的加深而逐渐增大；在褐变过程中，烟叶的 $a*$ 值变化并不明显，$L*$ 值则在褐变比例 1~2 成时才出现降低趋势，$b*$ 值对烟叶的褐变极为敏感。

一、NC102 烤烟品种暗箱试验研究

（一）材料与方法

供试烤烟品种为 NC102，由玉溪市烟草农业科学研究院提供，于 2023 年在云南省玉溪市九溪试验基地开展，田间管理措施按照当地优质烟叶生产技术统一管理。参照现行国家标准《烤烟烘烤技术规程》（GB/T 23219—2008）中成熟烟叶采收标准，选取具有代表性的上、中、下部烟叶，进行暗箱试验。

（二）试验设计

1. 暗箱试验

按照现行行业标准《烤烟品种烘烤特性评价》（YC/T 311—2009），取具有代表性的上、中、下部鲜烟叶各 3 片，置于恒温恒湿密闭不透光的暗箱中，每隔 12 h 记录叶片变黄、变褐情况、颜色参数变化、失水率及 SPAD 值。

2. 密集烤房烘烤试验

选取适熟上、中、下三个部位鲜烟叶进行编杆烘烤，每杆编烟 100 片左右，设 3 个重复，参照《烤烟品种烘烤特性评价》（YC/T 311—2009）烘烤工艺给定标准进行（图 3-4）。烘烤过程中每隔 12 h 取样一次，用于含水率、叶绿素含量、多酚氧化酶活性及电导率指标测定。

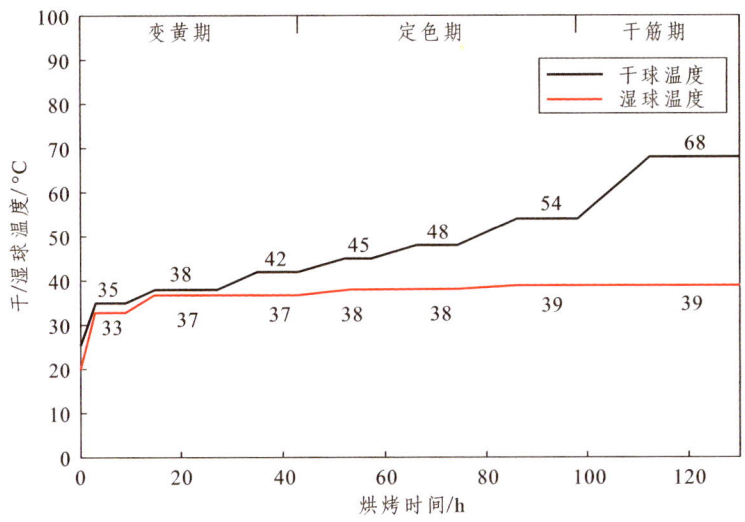

图 3-4　YC/T 311—2009 烘烤工艺

3. 测定项目与方法

1）暗箱试验测定项目及方法

（1）烟叶变黄变褐特性。

每隔 12 h 于采光好的同一地方对暗箱试验烟叶进行拍照，并通过网格法读取照片中变黄和变褐格数，统计烟叶变黄或变褐格数占烟叶总格数的百分率。用变黄百分率（Y）表示变黄速率，用变褐百分率（B）表示变褐速率。用 Y 数值与定时测定次数（n）的比值表示变黄指数（$YI=Y/n$）；用 B 数值与定时测定次数（n）的比值表示变褐指数（$BI=B/n$）；指数值愈大，测定时间内变黄、变褐速率愈快。

（2）烟叶失水特性。

每隔 12 h 取样 1 次，每次取样 3 片，按照谭方利等的方法进行烟叶含水率测定。暗箱失水率=（鲜烟重-某时刻烟叶重）/（鲜重×鲜烟含水率）。

（3）烟叶颜色变化。

采用 WSC-3 型全自动色差计测定。色差仪从亮度值 L（从黑到白表示亮度，范围 0~100）、红度值 a（从绿到红，范围 $-A$~$+A$）、黄度值 b（从蓝到黄，范围 $-B$~$+B$）3 个方向三维立体评价烟叶颜色。

（4）烟叶 SPAD 值变化。

采用 SPAD-502 plus 便携式叶绿素测定仪（日本柯尼卡美能达公司）测定叶片的 SPAD 值，每片烟叶在离主脉 3 cm 两侧对称处各选择 3 个点进行测量。烟叶基部测点（烟叶 1/3 处靠叶基部）、中部测点（烟叶 1/3 处靠叶中部）、尖部测点（烟叶 1/3 处靠叶尖部）。

暗箱烘烤特性评判标准参考现行行业标准《烤烟品种烘烤特性评价》(YC/T 311—2009),见表 3-6。

表 3-6 暗箱烘烤特性评价标准

烘烤特性	优劣	评判标准
易烤性	好	下部叶完全变黄时间 48~60 h,中、上部叶 72~84 h
	中	下部叶完全变黄时间 60~96 h,中、上部叶 84~108 h
	差	下部叶完全变黄时间 96 h 以上,中、上部叶 108 h 以上
耐烤性	好	下部叶完全变黄至褐化三成时间 84 h 以上,中部叶 120 h 以上,上部叶 60 h 以上
	中	下部叶完全变黄至褐化三成时间 72~84 h,中部叶 84~120 h 及以上,上部叶 36~60 h 及以上
	差	下部叶完全变黄至褐化三成时间 72 h 以下,中部叶 84 h 以下,上部叶 36 h 以下

2)烘烤试验测定项目及方法

(1)烟叶色素降解变化。

烟叶烘烤过程中,从 0 h 开始每隔 12 h 取样 1 次,每次取 3 片叶,去除叶尖及叶基部,取叶中部置于 10 mol 冻存管中,经液氮快速冷冻后置于-80 ℃超低温冰箱中保持待测。采用 95%乙醇提取和分光光度法测定叶绿素和类胡萝卜素含量。

(2)烟叶酶活性。

多酚氧化酶(PPO)活性采用邻苯二酚氧化分光光度法测定,以烘烤过程中 24 h、48 h、72 h、96 h 烟叶多酚氧化酶(PPO)活性的平均值来评价烟叶耐烤性,中部叶在 0.3U 以下耐烤性较好,0.3~0.4U 耐烤性中等,0.4U 以上耐烤性较差。

(3)烟叶失水特性。

每隔 12 h 取样 1 次,每次取样 3 片,用杀青烘干法测定烟叶的含水量,计算失水率及失水均衡性(烟叶失水率是鲜烟叶含水量和某时间点的烟叶含水量的差值占鲜烟叶含水量的百分比)。

(4)电导率测定。

使用 8mm 孔径打孔器,在烟叶主脉两侧的叶尖、叶中、叶基对称取 0.1 g 叶片组织(避开支脉),在装有 10 mL 双蒸水的试管中浸泡 3 h,使用 GTCON30 型便携式电导率仪测定浸出液电导率,将试管置于 100 ℃水浴锅中 10 min,冷却至室温后,测定绝对电导率,然后计算相对电导率(相对电导率=浸出液电导率/绝对电导率×100%)。

4. 数据分析工具

采用 Excel 2016 对试验数据进行统计分析。

(三)数据分析

1. 暗箱条件下 NC102 主要烘烤特性研究

1)暗箱过程中变黄、变褐规律

由图 3-5 可知:暗箱试验中 NC102 各部位烟叶在采后 36 h 内变黄较快,之后变黄速度逐渐变缓,至采后 60 h 变黄程度已经达九成,叶片基本变黄,采后 84 h 后完全变黄。变褐程度与变黄程度相似,均是先快后慢。下部叶较中、上部烟叶,提前变褐,且变褐速率高于中、上部叶。

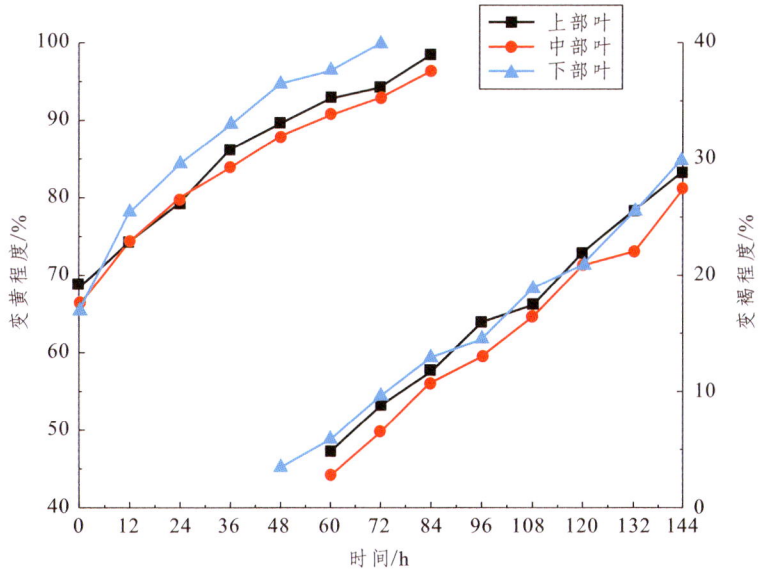

图 3-5 暗箱条件下烟叶变黄、变褐规律

2)暗箱过程中失水规律

由图 3-6 可以明显地看出:各部位烟叶在暗箱条件下失水率变化规律接近,呈现出先快后慢的趋势;下部烟叶失水主要集中在 0～24 h 和 60～96 h 时间段,中部烟叶失水主要集中在 0～12 h 和 108～144 h 时间段,上部烟叶失水主要集中在 0～48 h 时间段。总体看来,暗箱条件下各部位烟叶失水主要集中于前期,中期失水率较慢,中、下部烟叶后期还有一次失水率下降峰值。

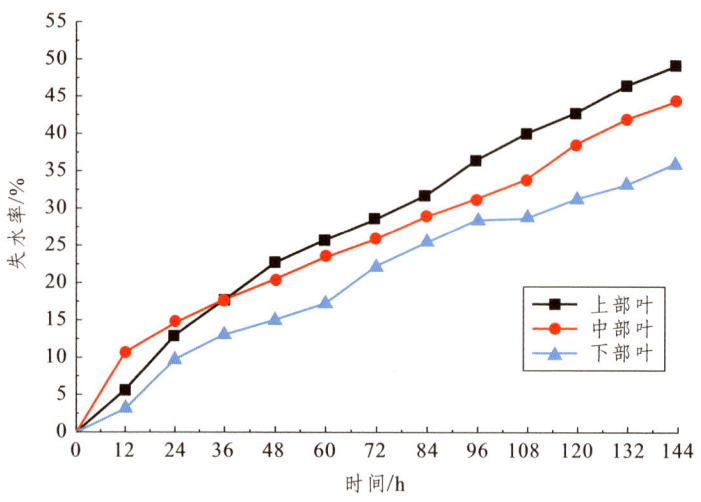

图 3-6 暗箱条件下烟叶失水率变化

3）暗箱过程 SPAD 值规律

暗箱条件下烟叶的 SPAD 值是烟叶内叶绿素含量的外在直观体现，能侧面反映烟叶内叶绿素含量的变化趋势。由图 3-7 可知，暗箱条件下烟叶各部位的 SPAD 值均呈先快后慢的下降趋势，均在 108 h 时趋于稳定。下部叶在 24 h 之前 SPAD 值下降较慢，仅从鲜烟叶的 23.89 下降了 2.11，24～72 h 下降速度变快，72～108 h 下降速度较慢，108 h 后基本保持稳定，而上部叶在 0～36 h 下降速度较快，36 h 后缓慢下降，至 108 h 后基本稳定。中部叶在 72 h 前 SPAD 值下降速率较快，基本保持相同的速率，72 h 后缓慢下降。总体来看，各部位烟叶 SPAD 值的变化规律相似。

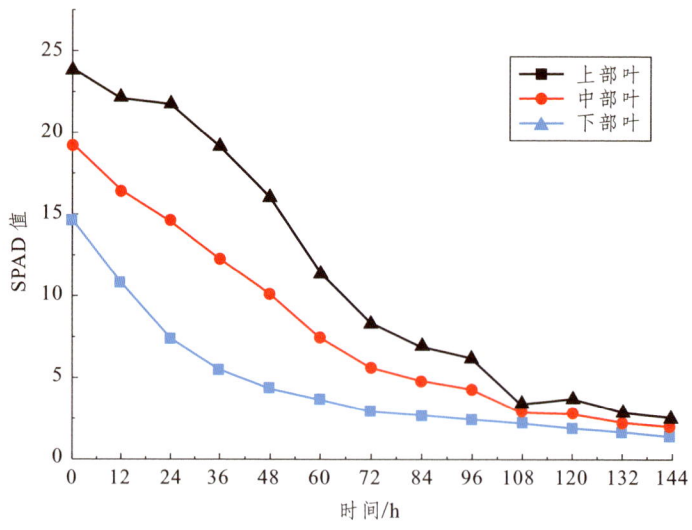

图 3-7 暗箱条件下烟叶的 SPAD 值变化

4）暗箱过程颜色值规律

烟叶的外观颜色是烟叶内部质体色素消涨的表现，可以通过颜色值反映出来。表 3-7 是烟叶在暗箱条件下颜色的变化趋势，从表中可以看出，各部位烟叶在暗箱中至完全变黄时烟叶的颜色变化趋势接近，包括 L、a、b 值。各部位 L 值均随变黄程度增加而逐渐增大，分别从 0 h 开始的 44.51、50.61、47.56 增大至 144 h 的 69.49、71.67、70.58；a 值也表现不断增大的趋势，从 0 h 开始的 -8.85、-7.39、-8.12 逐渐增大为正值，中部叶在 48 h 增大为正值，为 0.84，上、下部叶在 60 h 时均增大为正值，为 1.18 和 1.56，中部叶在 48 h 增大为正值，较上、下部叶变为正值早了 12 h；b 值也表现出随时间和变黄程度增加而逐渐增大的趋势。通过各颜色值综合来看，中部烟叶变黄速度快于上、下部烟叶。

表 3-7　暗箱条件下烟叶颜色变化

时间	部位	L	a	b
0	上部叶	44.51±3.62	-8.85±1	29.85±4.44
	中部叶	50.61±5.27	-7.39±1.53	32.77±5.63
	下部叶	47.56±3.32	-8.12±0.96	33.66±2.13
12	上部叶	52.99±1.66	-7.65±1.29	34.54±2.36
	中部叶	54.51±3	-6.57±1.35	39.42±3.23
	下部叶	53.75±0.67	-7.11±0.65	36.98±0.58
24	上部叶	55.54±2.69	-5.25±3.35	37.94±2.2
	中部叶	58.4±2.55	-3.97±1.77	42.59±1.5
	下部叶	56.97±0.71	-4.61±2.31	40.26±0.48
36	上部叶	59.72±2.87	-1.87±0.24	42.03±1.73
	中部叶	63.45±3.28	-0.07±1.25	43.07±1.9
	下部叶	61.59±1.93	-0.97±0.65	42.55±1.36
48	上部叶	59.88±3.01	-0.96±0.63	44.13±2.44
	中部叶	65.35±2.5	0.84±1.53	43.59±1.45
	下部叶	62.62±1.4	-0.06±0.65	43.86±1.49
60	上部叶	61.73±1.53	1.18±0.35	45.38±2.87
	中部叶	66.66±2.33	1.94±0.66	47.29±1.65
	下部叶	64.19±1.78	1.56±0.29	46.33±2.23

续表

时间	部位	L	a	b
72	上部叶	62.96±1.75	1.55±0.26	46.75±1.62
	中部叶	67.9±1.17	1.82±1.46	47.84±1.33
	下部叶	65.43±1.19	1.69±0.65	47.3±1.44
84	上部叶	63.88±1.68	2.42±0.35	47.48±1.31
	中部叶	68.2±0.38	2.74±0.38	48.14±1.04
	下部叶	66.04±0.93	2.58±0.36	47.81±1.1
96	上部叶	65.54±1.8	2.91±0.13	48.01±1.13
	中部叶	68.39±1.38	3.71±0.55	48.36±1.02
	下部叶	66.96±1.32	3.31±0.33	48.18±0.98
108	上部叶	66.51±1.41	3.73±0.22	48.68±1.33
	中部叶	69.67±0.56	4.28±0.31	48.13±1.76
	下部叶	68.09±0.81	4.01±0.22	48.4±1.37
120	上部叶	67.32±0.89	4.01±0.45	49.25±0.79
	中部叶	70.86±0.86	4.75±0.38	49.41±0.98
	下部叶	69.09±0.88	4.38±0.3	49.33±0.83
132	上部叶	68.65±1.05	4.41±0.47	50.27±0.42
	中部叶	71.27±0.61	5.36±0.53	49.88±1.05
	下部叶	69.96±0.66	4.89±0.36	50.08±0.74
144	上部叶	69.49±0.82	4.81±0.51	50.41±0.23
	中部叶	71.67±0.47	5.52±0.23	51.48±1.56
	下部叶	70.58±0.19	5.17±0.18	50.95±0.83

2. 烘烤条件下 NC102 主要烘烤特性研究

1）烘烤过程色素变化

由图 3-8~图 3-10 可知，各部位烟叶叶绿素含量变化呈现先快后慢的趋势，即在 0~60 h 烟叶叶绿素降解速率较快，此后叶绿素降解速度逐渐变慢并基本趋于稳定。72 h 时上部叶降解量为 77.89%，降解速率为 1.08%/h，中部叶降解量为 85.13%，降解速率为 1.18%/h，下部叶降解量为 90.57%，降解速率为 1.26%/h。根据现行行业标准《烤烟品种烘烤特性评价》（YC/T 311—2009）可知，下部叶易烤性较好，中部叶易烤性一般，上部叶易烤性差。

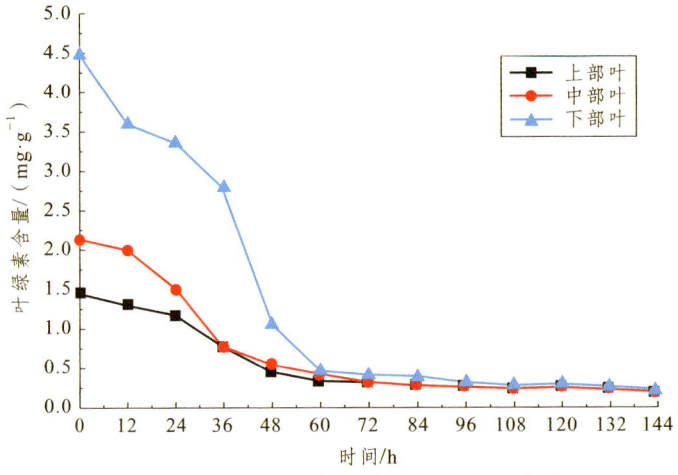

图 3-8　烘烤过程中烟叶叶绿素含量变化

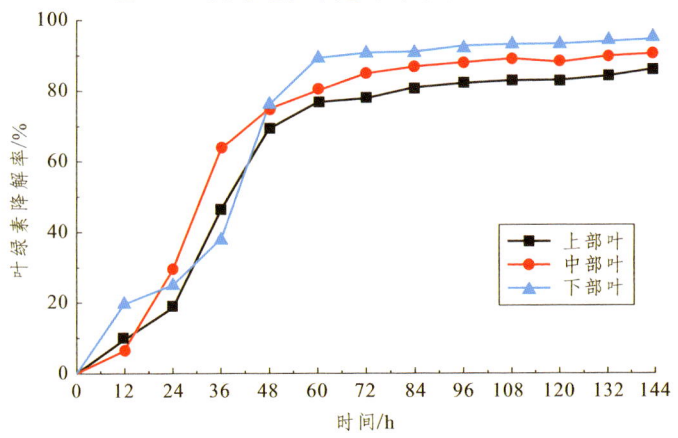

图 3-9　烘烤过程中烟叶叶绿素降解率变化

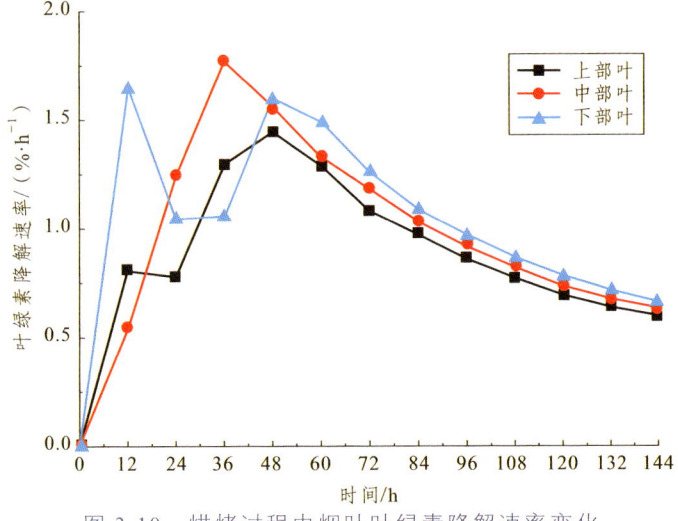

图 3-10　烘烤过程中烟叶叶绿素降解速率变化

2）烘烤过程水分变化

合理调控烟叶内的水分使其达到烘烤目的是烘烤过程中最重要的任务之一，水分含量影响着烟叶变黄定色、酶活性、内部化学成分等，因此水分变化是烘烤特性的重要评价标准之一。由图 3-11 可知，在烘烤过程中，各部位烟叶失水速率呈现"慢—快—慢"的变化规律，各部位均在 0~48 h 前失水较慢，失水量在 15%以下，下部叶 48 h 后失水率逐渐加快，至 96 h 后缓慢下降，上、中部叶失水率主要集中于 72 h 后，且下降速率接近。

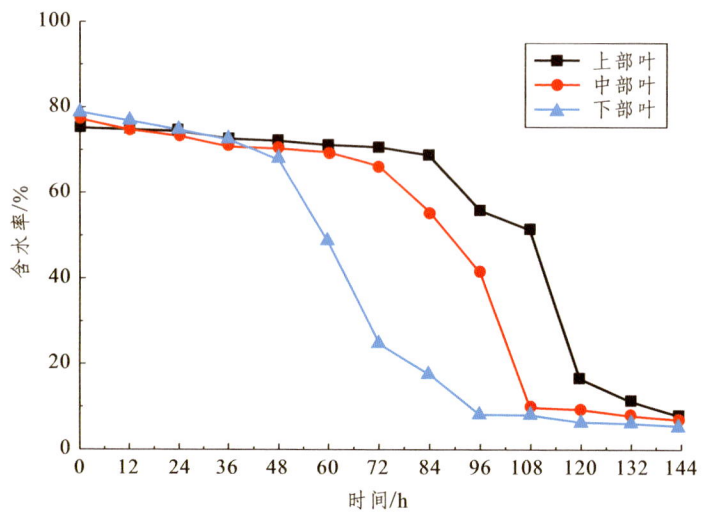

图 3-11　烘烤过程中烟叶水分含量变化

3）烘烤过程中多酚氧化酶活性变化

由图 3-12 可知，在烘烤过程中，各部位烟叶的多酚氧化酶（PPO）活性变化规律相似，都呈现出"升—降—升—降"的双峰曲线趋势。鲜烟叶时，上部烟叶多酚氧化酶（PPO）活性为 0.315U，显著高于中、下部烟叶的 0.146U 和 0.088U；刚进入烤房烘烤时，上、下部烟叶（0~12 h），多酚氧化酶（PPO）活性呈下降的趋势，随后一段时间（24~72 h），随着烤房内温度升高，相对湿度增大，烟叶多酚氧化酶（PPO）活性迅速升高，变化幅度较大，在 72 h 左右时达到峰值；此后多酚氧化酶（PPO）活性被不断抑制，迅速下降。中部叶多酚氧化酶（PPO）活性于 24 h 后迅速上升，到 87 h 左右达最高值，后迅速下降。

4）烘烤过程中烟叶电导率变化

正常情况下，烟叶细胞膜对物质具有选择通透性，当烟叶受到逆境环境影响时，细胞膜遭到破坏，膜通透性增大，从而使得细胞内的电解质外渗，导致叶片浸提液的电导率增大，而相对电导率变化能反映叶片细胞膜受损情况。由图 3-13 可知，各部位烟叶相对电导率都呈逐渐增大的趋势，且各部位增长趋势相近，48 h 前各部位烟叶相对电导率增速较快，48 h 后增长速率缓慢降低，84 h 后又开始逐步升高。

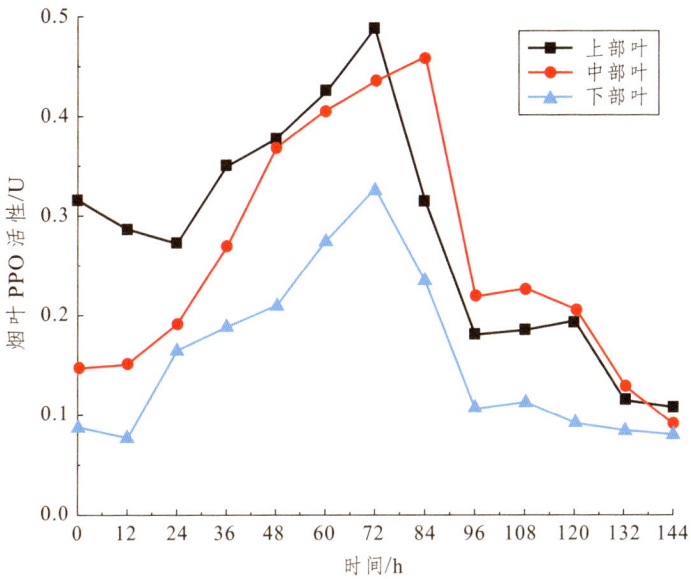

图 3-12　烘烤过程中烟叶 PPO 活性变化

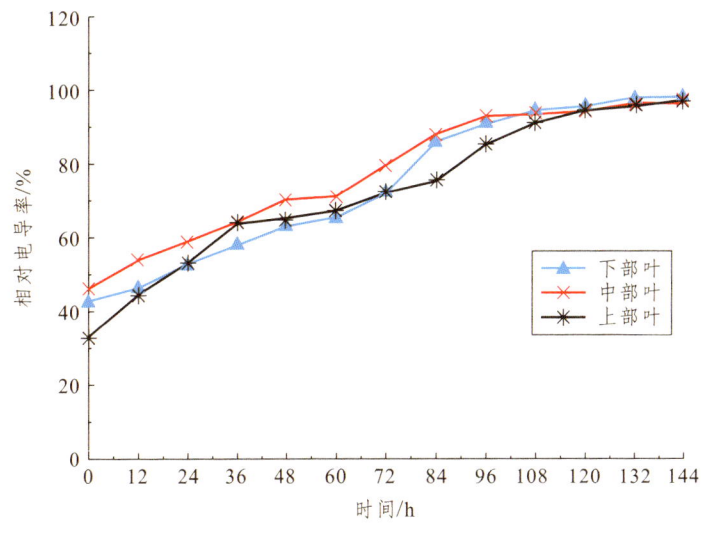

图 3-13　烘烤过程中烟叶电导率变化

（四）讨论与总结

1. 暗箱条件下 NC102 各部位烟叶烘烤特性差异

暗箱试验表明，下部叶完全变黄时间相对较短，但变黄阶段结束至褐变三成的时间长于中、上部烟叶。表明下部烟叶易烤性好于中、上部烟叶，但耐烤性差于中、上部烟叶。在褐变过程中，烟叶的 a 值变化并不明显，L 值则在褐变比例 1~2 成时才出现降低趋势，b 值对烟叶的褐变极为敏感。下部烟叶在 48 h 后出现褐变时，b 值也随之下降。中、上部烟叶在 72 h 均出现褐变，两者的 b 值于 60 h 后开始下降，两者的 L 值则分别在褐变发生 36 h 后才开始下降。这说明烟叶从变黄到出现肉眼可见的变褐过程中，存在一个过渡阶段，在该阶段，仅凭肉眼辨别烟叶，其几乎没有出现变褐情况，但其 b 值已经出现下降趋势。由此可知，在一定程度上可用烟叶的 b 值对烟叶存在褐变的危险发出警示，从而及时调整烘烤工艺，避免烟叶烤黑。

2. 烘烤条件下 NC102 各部位烟叶烘烤特性差异

烘烤试验表明，下部烟叶叶绿素降解特性较好，中部烟叶叶绿素降解特性中等，上部烟叶叶绿素降解特性差，烘烤过程中水分散失表现出一致的"少—多—少"变化规律，叶绿素降解呈现先快后慢的变化规律，各部位烟叶多酚氧化酶活性差异显著。结合暗箱试验和烘烤试验对烟叶各部位作对比可知：下部烟叶易烤性和耐烤性均较好，烘烤特性好；中部烟叶易烤性和耐烤性均中等，烘烤特性中等；上部烟叶易烤性差，耐烤性好，烘烤特性中等。

（五）结论

综上所述，NC102 烤烟品种各部位烟叶烘烤特性存在差异。下部烟叶易烤性好，耐烤性好，烘烤特性较好；中部烟叶易烤性中等，耐烤性中等，烘烤特性中等；上部烟叶易烤性差，耐烤性好，烘烤特性中等。

二、NC297 烤烟品种暗箱试验研究

（一）材料与方法

供试烤烟品种为 NC297，由玉溪市烟草农业科学研究院提供，于 2023 年在云南省玉溪市研合试验基地进行试验，田间管理措施按照当地优质烟叶生产技术统一管理。参照现行国家标准《烤烟烘烤技术规程》（GB/T 23219—2008）中成熟烟叶采收标准，选取具有代表性的上、中、下部烟叶，进行暗箱试验。

（二）试验方法

1. 鲜烟素质

取上、中、下部达到成熟采收的烟叶，测定其新鲜烟叶含水量、叶绿素含量、

颜色参数和多酚氧化酶（PPO）活性。

2. 暗箱试验

取上、中、下部成熟烟叶各 15 片，放置于不通风、不透光、室温条件下的暗箱中，每隔 12 h 观察一次，记录叶片变黄、变褐情况、颜色参数变化和 SPAD 值变化。

3. 密集烘烤试验

将采收的相同部位的成熟烟叶各标记 2 杆，设 3 个重复，共 6 杆烟，记录烟叶鲜重后，分别放置于烤房上、中、下层，每层各两杆，每隔 12 h 于 6 杆烟中各取 1 片，共取 6 片烟叶样本。其中 3 片烟叶分为 3 组，每组 1 片烟叶，检测烟叶含水量和失水速率；另外 3 片烟叶测定完烟叶变黄程度、烟叶颜色参数和 SPAD 值后，迅速分别取样放于液氮中保存，用于测定叶绿素含量、多酚氧化酶的变化，同时记录取样时间的烤房干湿球温度以及烟叶的状态。

4. 测定项目及方法

1）鲜烟素质测定

新鲜烟叶含水量测定采用杀青烘干法，SPAD 值使用叶绿素仪（SPAD-502 KONICAMINOLTA）测定，每片测量 6 个点，分别位于离烟叶主脉对称点的 1/3、1/2、2/3 处（选取点应避开叶脉、残缺和病斑等）；采用 95%乙醇提取和分光光度法测定叶绿素 a、叶绿素 b 和类胡萝卜素含量；多酚氧化酶（PPO）活性测定采用邻苯二酚氧化分光光度法。

2）暗箱试验测定项目及方法

将暗箱中的烟叶取出，置于采光好的同一地方进行观测，并拍照，直至烟叶变褐三成。记录烟叶变黄、变褐启动的时间和完全变黄和烟叶变褐三成的时间；变黄程度、变褐程度采用 Photoshop 像素法计算面积法进行计算，观察自然条件下叶片变黄或变褐的面积占烟叶总面积的比例，用变黄成数（Y）或变褐成数（B）表示，范围设为 0~10 成。

烟叶颜色参数：采用 WSC-3 全自动色差仪，选择大小和外观色泽基本一致的烟叶，测量距离叶主脉约 5 cm 处对称点的叶色，每半片叶等距离测量 3 个点，每片叶 6 个点的平均值作为该片叶的颜色值。从 L 值（从黑到白，表示亮度，范围 0~100）、a 值（从绿到红，范围 $-A$~$+A$）、b 值（从蓝到黄，范围 $-B$~$+B$）3 个方向三维立体分别评价烟叶的颜色参数。

烟叶暗箱失水率采用称重法，称出烟叶重量，计算其失水速率。

暗箱失水率 =（鲜重 − 某时刻烟叶重）/（鲜烟重 × 鲜烟含水率）

3）密集烘烤试验测定项目及方法

烟叶含水率采用杀青烘干法分别测定，并计算失水量、失水速率、失水均衡性，公式如下：

烟叶含水量（P）=（鲜叶重－干叶重）/鲜叶重

失水量（L）=烘烤0 h烟叶含水量－该时期烟叶含水量

失水速率（R_n）=（该时期失水量－前一时期失水量）/取样相隔时间

失水均衡性（R）=48 h失水速率/48～72 h失水速率

多酚氧化酶（PPO）活性采用邻苯二酚氧化分光光度法测定；

电导率使用GTCON30电导率仪测定；

叶绿素a、叶绿素b和类胡萝卜素含量采用95%乙醇提取和分光光度法测定，并计算其降解速率（r），公式如下：

r=（鲜烟叶叶绿素含量－某时刻叶绿素含量）/（鲜烟叶叶绿素含量×烘烤时间）

（三）数据分析

1. NC297暗箱试验结果

1）NC297失水特性

由图3-14可知，暗箱试验中NC297不同部位烟叶含水率的变化趋势基本一致，随着时间的推移，不同部位烟叶含水率呈现逐渐降低的趋势，失水主要集中在12～60 h。失水速率呈现先升高后降低的趋势，失水速率的峰值出现在24 h，此时的失水速率最快；此后失水速率逐渐降低，中、下部叶失水速率降低较快，在24～60 h快速降低；上部叶失水速率下降较为缓慢，导致上部叶失水量较大。说明NC297上部叶更容易失水，中下部叶失水量接近。

2）NC297变黄特性

由图3-15可知，NC297不同部位烟叶暗箱条件下变黄速率不同，其中上部叶暗箱变黄速率较为均匀，而中、下部叶暗箱变黄速率则呈现出"慢—快—慢"的趋势，在48 h以前变黄较慢，48～96 h变黄速率加快。不同部位烟叶变黄启动时间存在差异，上部叶和下部叶12 h便启动变黄，而中部叶24 h时才启动变黄，但中、下部叶于96 h变黄程度接近100%，而上部叶超过120 h才完全变黄，说明NC297中、下部叶易烤性中等，但上部叶易烤性较差。不同部位暗箱变褐启动时间在84～96 h，但在144 h之内所有部位烟叶均未达到三成变褐程度，说明NC297耐烤性较好，但在144 h时下部叶变褐程度更接近三成，说明不同部位烟叶之间下部叶耐烤性相对较差。但上部叶变褐启动时间和开始时变褐速率高于中、下部叶。

第三章 烟叶成熟采收和烘烤管理

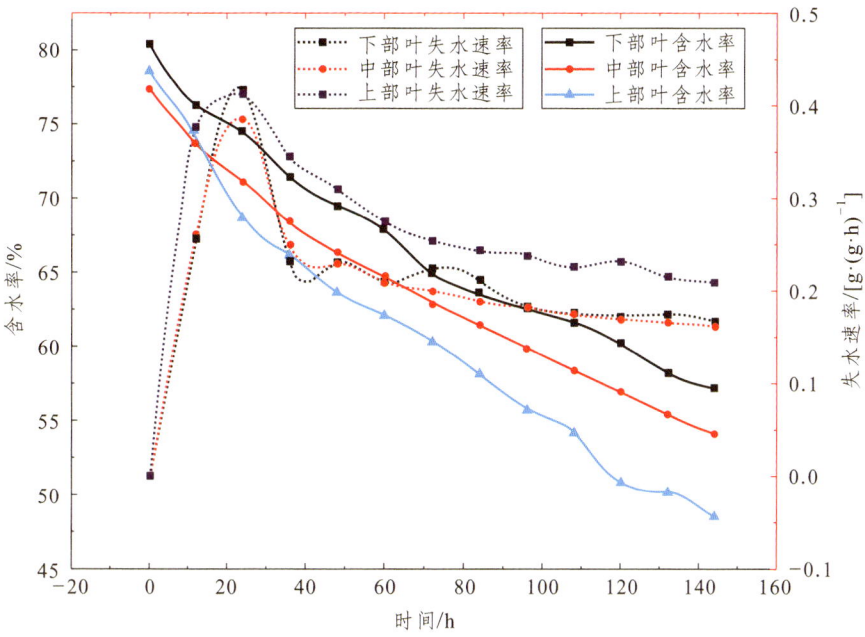

图 3-14 NC297 不同部位烟叶暗箱试验水分变化

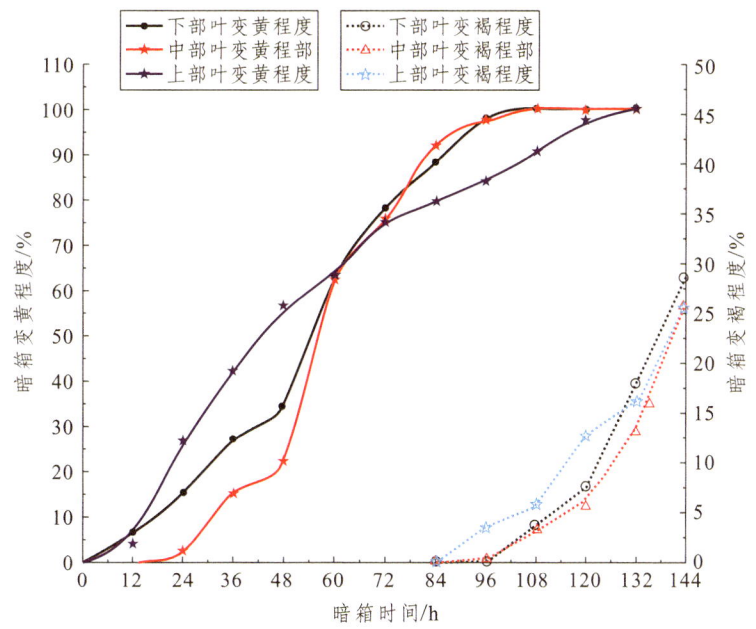

图 3-15 NC297 暗箱烟叶颜色变化

由图 3-16 可知，鲜烟叶的 SPAD 值：中部叶＞上部叶＞下部叶。暗箱试验中 NC297 不同部位烟叶 SPAD 值变化趋势基本一致，随时间推移 SPAD 值呈现逐渐下降的趋势，并且在 84 h 后不同部位烟叶 SPAD 值停止降低并维持在一个相对稳定的值。中部叶的 SPAD 值降低主要在 12～60，而下部叶和上部叶主要发生在 36～60 h。说明中部叶变黄时间快于下部叶和上部叶。

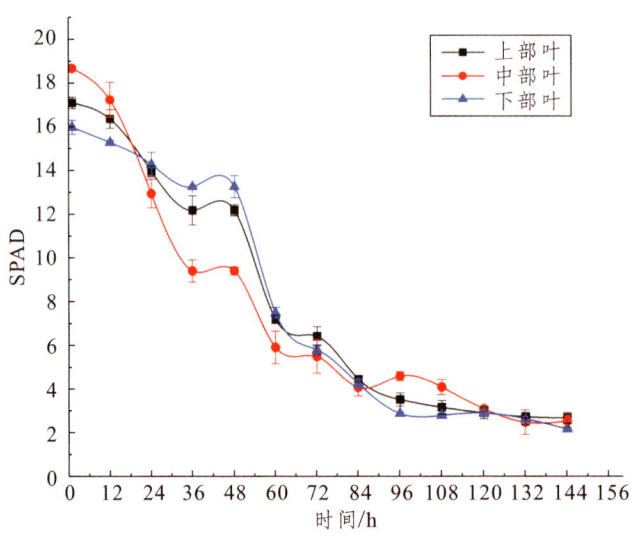

图 3-16　不同部位烟叶暗箱试验 SPAD 变化

3）NC297 暗箱试验颜色参数变化

由表 3-8 可知，在暗箱试验过程中，NC297 不同部烟叶 L^* 值随时间的增加呈现出先增大后少量降低的趋势，并且各个部位都在 108 h 时达到最高值，后逐渐下降，且上部叶 L^* 值增大得较快，且大于中、下部叶。当 $a^*<0$ 时，表示绿色；当 $a^*>0$ 时表示红色。因此 a^* 值的变化可反映烟叶的褪绿显黄过程。在暗箱试验过程中，NC297 不同部位烟叶 a^* 值变化呈现逐渐增大的趋势，上部叶在 96 h 时达到峰值，中下部叶在 108 h 达到峰值，说明上部叶相比于中部叶和下部叶更容易变黄。a^* 增长速率在 12～84 h 时上部叶＞中部叶＞下部叶。当 $b^*>0$ 时，表示黄色，即 b^* 值越大，表示烟叶黄色越深，绿色越浅，在暗箱试验过程中，NC297 的 b^* 值随时间的增加呈现先增大后降低的趋势，其中上部叶提前于中、下部叶于 60 h 到达峰值，但其峰值小于中、下部叶，其趋势与 a^* 值类似。

表 3-8 NC297 暗箱试验颜色参数值

时间	L*			a*			b*		
	下部叶	中部叶	上部叶	下部叶	中部叶	上部叶	下部叶	中部叶	上部叶
0 h	43.75±0.56b	44.60±0.21b	49.70±0.65a	-9.23±0.11a	-8.30±0.19a	-8.60±0.98a	27.06±0.91a	30.73±0.35a	28.87±0.49a
12 h	46.07±0.89a	49.05±0.56a	52.23±0.67a	-8.38±0.41a	-7.62±0.56a	-8.14±0.49a	29.06±0.49b	32.31±0.83ab	33.86±0.67a
24 h	51.17±0.73b	51.84±0.34b	58.53±0.29a	-6.98±0.11b	-7.51±0.39b	-4.33±0.08a	37.98±0.58a	36.5±0.55a	34.38±0.33a
36 h	55.59±0.54a	55.45±0.50a	59.29±0.54a	-6.44±0.32b	-5.46±0.13b	-2.41±0.16a	40.9±0.06b	41.59±0.84b	47.41±0.80a
48 h	61.97±0.24a	57.78±0.92b	63.42±0.50a	-4.93±0.70b	-3.51±0.47b	-0.14±0.51a	46.06±0.10a	44.21±0.35ab	42.88±1.15b
60 h	62.54±0.46a	60.44±0.39a	64.78±0.52a	-3.86±0.31b	-0.82±0.81ab	0.22±0.53a	46.31±0.23a	45.21±0.24a	48.74±0.22a
72 h	63.01±0.42a	61.75±0.17a	65.36±0.79a	-2.69±0.19b	-0.24±0.72ab	0.70±0.54a	47.41±0.17a	46.21±0.72a	44.82±0.68a
84 h	63.73±0.43a	62.35±0.42b	66.34±0.31a	1.75±0.38a	0.06±0.50a	0.71±0.71a	48.03±0.55a	47.2±0.54a	44.42±0.53a
96 h	66.83±0.30a	65.33±1.30a	68.15±0.44a	2.21±0.11a	0.92±0.30a	0.84±0.67a	49.47±0.97a	48.21±0.85a	46.1±0.81a
108 h	67.88±0.77a	67.18±0.19a	68.70±0.72a	2.57±0.35a	2.71±0.46a	2.85±0.15a	45.05±0.44a	49.21±1.09a	45.67±0.77a
120 h	66.78±0.77a	63.77±0.42a	64.67±0.59a	2.66±0.39a	3.14±1.00a	3.02±0.07a	44.17±0.28a	50.21±0.42a	44.8±1.06a
132 h	66.80±1.00a	64.71±0.80a	66.03±0.14a	3.27±0.17a	3.25±0.61a	3.24±0.77a	42.75±0.78a	51.21±0.83a	44.12±0.47a
144 h	66.48±0.89a	64.44±0.16a	66.98±0.31a	4.24±0.75a	3.79±0.45a	3.51±0.80a	40.16±0.20b	51.21±0.83a	44.18±1.01a

2. NC297 烘烤试验过程中变化分析

1) 烘烤失水情况变化

由图 3-17 和图 3-18 可知，在烘烤过程中，烟叶失水速率呈现出"慢—快—慢"的趋势，在烘烤前 48 h 烟叶失水速率较慢，60~120 h 烟叶快速失水，120 h 烟叶含水量逐渐趋于平稳，不同部位间烟叶含水量变化存在一定差异，下部叶在 48~120 h 失水速率大于中、上部叶，属于变黄后期和定色期。由图 3-18 可知，中部叶和上部叶的 B 值均小于 0，说明 NC297 中、上部叶各温度点的失水协调性均较差，失水程度达不到关键温度点的目标失水量，而下部叶 80 h 后 B 值大于零，说明此时下部叶失水量大于目标失水量，且 B 值越大，失水均衡性越差。

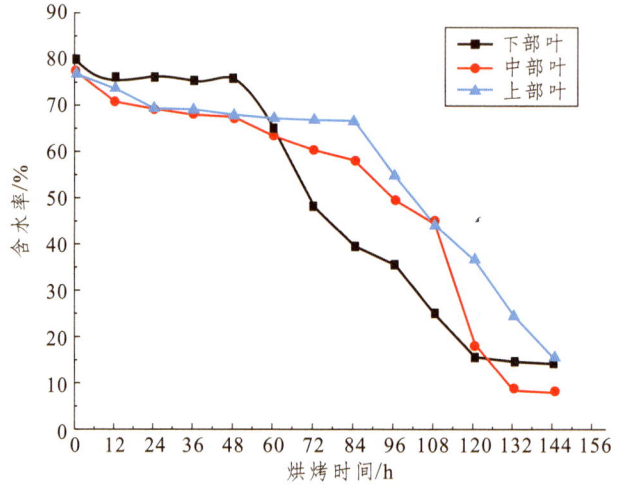

图 3-17 不同部位烘烤过程中水分变化

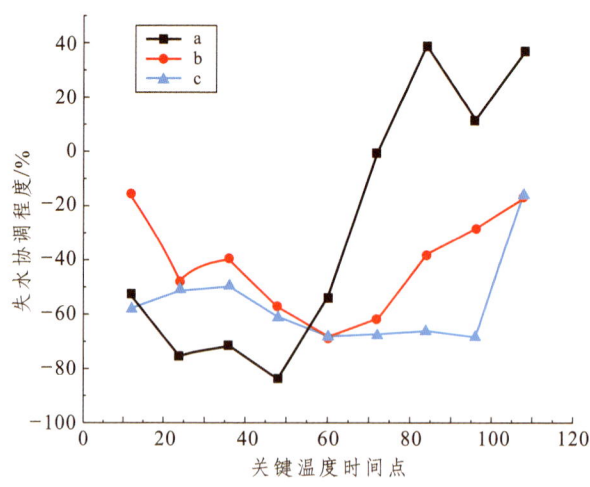

图 3-18 不同部位烟叶失水协调性

2）叶绿素变化

由图 3-19 可知，NC297 采收的鲜烟叶叶绿素含量是中部叶＞上部叶＞下部叶；在烘烤过程中，烟叶叶绿素含量呈现逐渐降低的趋势，前 48 h 内烟叶叶绿素降解率超过 60%，但在 36 h 之前，不同部位间叶绿素的降解速率不同，表现为下部叶＞中部叶＞上部叶，对应烘烤变黄阶段，说明 NC297 在烘烤变黄阶段的变黄难易程度是上部叶＞中部叶＞下部叶。在 72 h 以后叶绿素含量趋近于相等，且叶绿素的降解速率也逐渐降低，此时下、中、上部叶的叶绿素降解率和叶绿素降解速率分别是 81.61%、86.90%、80.63% 和 1.13、1.21、1.20（单位：%/g），说明 NC297 不同部叶烟叶易烤性均为中等偏差水平，比较而言中部叶的易烤性最好。

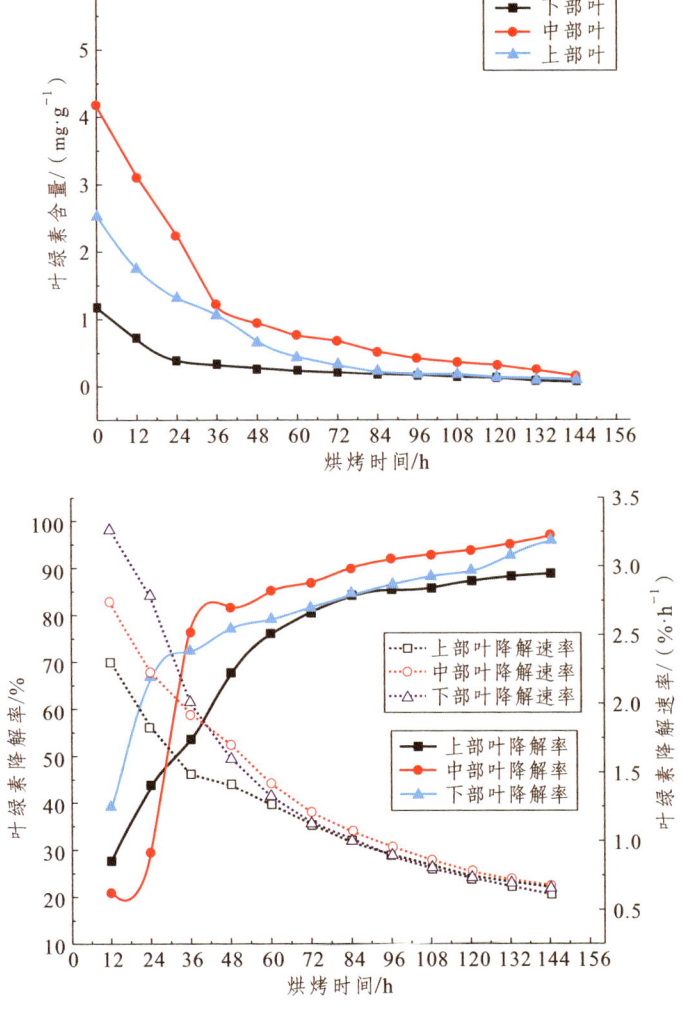

图 3-19　烘烤叶绿素含量

3）烘烤多酚氧化酶（PPO）活性变化

由图 3-20 可知，NC279 不同叶位鲜烟叶多酚氧化酶（PPO）活性不同，上部叶的多酚氧化酶（PPO）活性最高，有 0.44U，中部叶和下部叶多酚氧化酶（PPO）活性较为接近 0.22U，说明 NC297 中下部叶耐烤性较好，上部叶耐烤性中等。刚进入烤房时（0～12 h）多酚氧化酶（PPO）活性呈下降趋势，随烘烤时间增加，不同部位烟叶多酚氧化酶（PPO）活性呈现先增强后又逐渐降低，并逐渐趋于平稳；在 12～72 h 时随烤房内温度逐渐升高、相对湿度逐渐增大，多酚氧化酶（PPO）活性逐渐升高，且中、上部叶于 72 h 达到峰值，下部叶于 84 h 达到峰值，此后烤房温度持续增高，导致多酚氧化酶（PPO）失活，使酶活性急剧降低。

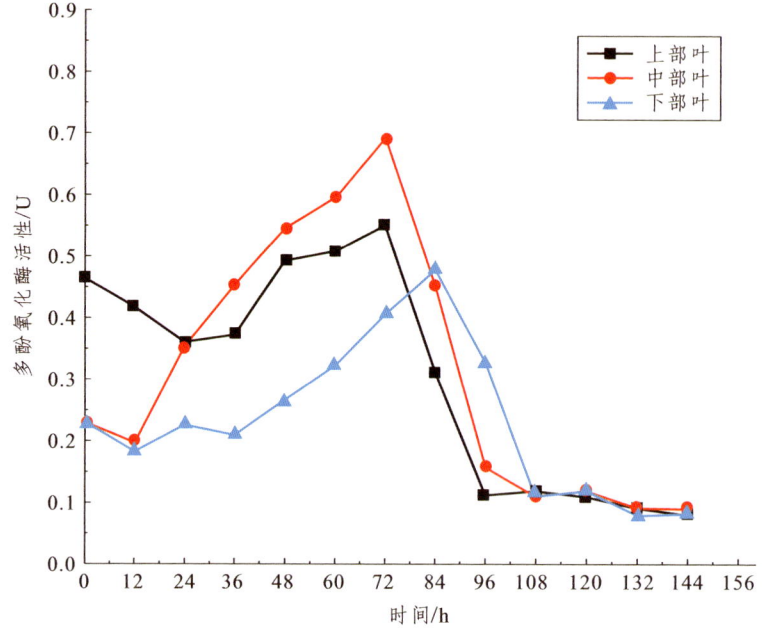

图 3-20　不同部位烟叶烘烤过程 PPO 变化

4）烘烤电导率变化

由图 3-21 可知，NC297 相对电导率在烘烤过程中基本呈逐渐升高的趋势，且在 12～36 h 和 60～84 h 阶段，相对电导率存在较快升高的过程，在烘烤 96 h 后逐渐趋于平稳。可能是在 12～36 h 阶段烤房内较高的温度以及在 60～84 h 阶段烤房较快升温导致叶片细胞的破裂加剧，使得相对电导率增长速率加快，96 h 后叶片细胞几乎完全破裂，使得相对电导率趋于稳定。不同部位间相对电导率变化趋势几乎相同，下部叶在 60～96 h 的相对电导率低于中上部叶，发生棕色化反应的概率更小，耐烤性更好。

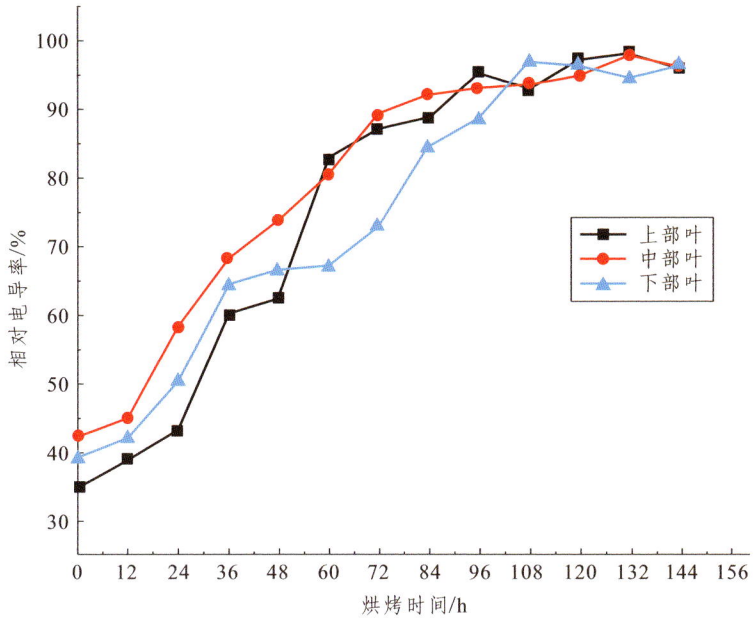

图 3-21　烘烤过程中相对电导率变化

(四) 讨论与总结

1. NC297 变黄特性

在明确烘烤特性量化指标方面,变黄时间、变黄指数、变褐时间、变褐指数等指标均能较好地反映烤烟的易烤性与耐烤性。本研究结果表明,NC297 下部叶、中部叶、上部叶的暗箱完全变黄时间为 96 h、96 h、108 h,暗箱变黄时间说明 NC297 烟叶易烤性为中等,而烘烤试验叶绿素降解率和叶绿素降解速率更能说明烟叶烘烤过程中的难易程度。本试验结果表明,在烘烤 72 h 以后,NC297 不同叶位,烟叶的叶绿素降解率均达到 80% 及以上,降解量均符合优质烟叶要求。在烘烤过程中,烟叶变褐主要是因为烟叶多酚氧化酶(PPO)活性与细胞内多酚物质反应的结果,细胞相对电导率、多酚氧化酶(PPO)活性、暗箱变褐速率等是量化烟叶耐烤性的主要指标。本研究结果表明,鲜烟叶多酚氧化酶(PPO)活性上部叶高于中、下部叶,且多酚氧化酶(PPO)随烘烤时间的进行呈现"降低—升高—降低"的趋势,在 72~84 h 出现峰值。此时烤房温度为 45 ℃ 左右,与刘凯等研究结果一致。上述结果表明,NC297 不同部位烟叶易烤性表现为下部叶、中部叶易烤性中等,上部叶易烤性较差;不同部位烟叶的耐烤性都较好。

2. NC297 失水特性

烟叶失水特性不仅是烟叶烘烤特性的重要指标,而且是烟叶烘烤过程中指导烟叶形态变化的重要指标。NC297 在烘烤试验中,下部叶更容易失水,在变黄后期和定色前期失水速率大于中、上部叶。但下部叶失水协调性变化更大,失水协调性更差,而中部叶失水协调性绝对值更小,失水更协调,但中、上部叶 B 值均小于 0,失水程度达不到目标失水程度,优化工艺需要考虑促进烟叶失水。

(五)结论

综上所述,NC297 烘烤特性为下部叶、中部叶易烤性中等,上部叶易烤性较差,耐烤性中部叶>上部叶>下部叶,且耐烤性均较好。中部叶失水协调性较好,但失水程度小于目标失水程度,在烘烤调制过程中,应根据不同部位烘烤特性,制定相适宜的烘烤工艺。

三、NC102 和 NC297 的烘烤特性研究

(一)材料与方法

1. 试验地点

试验地点位于文山州砚山县,海拔 1459 m,位于东经 103.45°、北纬 23.28°,年平均气温 17.23 ℃,年降雨量 924.11 mm,全年≥10 ℃有效积温为 2481.2 ℃,无霜期为 295 d。供试土壤类型为壤土,pH 为 6.47,有机质 56.19 g/kg,全氮 2.76 g/kg,全磷 1.11 g/kg,全钾 17.64 g/kg,水溶性氮 210.8 mg/kg,有效磷 91.3 mg/kg,速效钾 285.5 mg/kg。总共施用烟草专用复混肥 225 kg/hm^2,N：P$_2$O$_5$：K$_2$O=12：10：25,N 27 kg/hm^2,配施腐熟农家肥 15 000 kg/hm^2。基肥施用量 150 kg/hm^2,氮肥 18 kg/hm^2,配施腐熟农家肥 15 000 kg/hm^2；追肥施用量为 75 kg/hm^2,氮肥 9 kg/hm^2,配施硫酸钾(51%)30 kg/hm^2,分别于移栽后 15 d、30 d 施用。按照当地优质烟叶生产技术进行规范化栽培管理。

2. 试验设计

参试品种为烤烟品种云烟 87、NC297 和 NC102。采用随机区组设计,共 3 个处理,3 次重复,9 个小区,小区面积为 200 m^2,各试验小区间设有 1 m 的保护行,单行排列。烘烤特性试验根据当地中部叶常规采收时间进行,每个小区采收成熟度一致的烟叶 150 片,烟叶采摘、编竿,确保烟叶成熟度均衡一致,同质同杆,疏密适

中，在当地密集烤房中进行烘烤。烟叶烘烤工艺主要按照当地主推烘烤模式进行，每杆编烟100~120片，每层150~170杆，共3层。供试烤房为3座当地规格相同的气流上升式密集烤房。

3. 测定项目

（1）失水率：用电子天平（美国双杰SA-200Y，最大量程200 g，分辨率0.1 g）对擦干表面水分的鲜烟叶和烘烤过程中各阶段样品进行称量，重量分别记为FW_0和FW_n。随后将鲜烟叶和烘烤过程各阶段样品放入鼓风干燥箱中，105 ℃杀青1 h，60 ℃烘干至恒重，再次称量，分别记为DW_0和DW_n。

$$烟叶失水率（\%）=[(FW_0-FW_n)/(FW_0-DW_0)]×100\%$$

（2）淀粉含量分析按照现行行业标准《烟草及烟草制品 淀粉的测定 连续流动法》（YC/T 216—2013）进行。叶绿素含量采用乙醇-分光光度计法测定。多酚氧化酶（PPO）活性按照苏州科铭生物技术有限公司生产的相应酶试剂盒说明书方法进行测定。

（3）烟叶感官质量评价：按照云南中烟单体烟感官质量企业标准进行评价。

（4）初烤烟叶按照现行国家标准《烤烟》（GB 2635—92）进行分级，并按照试验年度产区的收购价格计算经济效益。

（5）数据分析工具：采用Excel 2016对试验数据进行统计分析。

（二）数据分析

1. 不同烤烟品种主要生育期

不同烤烟品种的生育期存在差异，由表3-9可以看出，各品种于3月3日播种，出苗都在播种后10~11d，NC102生育期较短，比云烟87短12d，NC297生育期相对较长。

表3-9 不同烤烟品种生育期表现

品种	播种期（月/日）	出苗天数/d	移栽期（月/日）	移栽至现蕾天数/d	移栽至中心花开放天数/d	移栽至脚叶成熟天数/d	移栽至顶叶成熟天数/d	大田生育期天数/d
云烟87	3/3	11	4/21	64	72	85	132	132a
NC102	3/3	10	4/23	62	77	87	120	120b
NC297	3/3	11	4/22	68	73	90	135	135a

2. 不同烤烟品种主要农艺性状

由表 3-10 可以看出，3 个品种在打顶高度和腰叶宽上存在显著差异，打顶株高 NC102 最低，NC297 最高，3 个品种在留叶数、节距指标上差异不明显，NC297 的腰叶长、宽与云烟 87 接近，而 NC102 更短、更窄。

表 3-10　不同烤烟品种农艺性状

品种	打顶株高/cm	留叶数/(片·株$^{-1}$)	茎围/cm	节距/cm	叶长/cm	叶宽/cm
云烟 87	96.8c	20.2a	9.96b	3.9b	75.82a	31.4b
NC102	92c	20a	9.3b	4.2b	65.7b	26.2c
NC297	115b	21a	11.3a	4.2b	73.7a	31.3b

3. 不同烤烟品种的失水特性

由表 3-11 可以看出，从烘烤开始 24 h 内，参试的烤烟品种，下、中和上部烟叶含水量均缓慢下降，下降幅度差异较小。下部叶 24~48 h 失水速率与失水量最多；中部叶和上部叶在 48~96 h 的各烘烤时间点中，可以明显看出各个品种的烟叶含水量在快速下降，失水速率与失水量最多。在 96 h 后，中部叶和上部叶失水减慢。3 个品种的鲜烟叶在 24~144 h 内的烘烤过程中，中部烟叶含水量表现出"慢—快—慢"的失水规律。由表 3-11 可以看出，在同一烘烤工艺下，三个烤烟品种的失水率趋势一致，NC297 烤烟品种的下部烟叶失水率显著高于其他品种。

表 3-11　不同烤烟品种的失水特性

品种	部位	失水率/%					
		12 h	24 h	36 h	48 h	60 h	72 h
云烟 87	X	9.43Bd	17.43Bc	46.23Bb	57.14Bb	72.34Bb	80.14Ba
NC297	X	28.44Ac	43.25Ab	79.24Aab	84.8Aa	90.79Aa	93.5Aa
NC102	X	10.25Bd	18.88Bc	47.26Bb	59.21Bb	72.57Ba	79.09Ba
品种	部位	24 h	48 h	72 h	96 h	120 h	144 h
云烟 87	C	4.76Ad	11.21Ad	63.32Ac	78.92Ab	89.43Aa	99.32Aa
NC297	C	5.87Ad	11.79Ac	61.37Ab	80.74Ab	93.41Aa	99.45Aa
NC102	C	4.71Ad	9.24Ad	57.77Ac	77.25Ab	89.38Aa	99.33Aa
品种	部位	24 h	48 h	72 h	96 h	120 h	144 h
云烟 87	B	20.14Ae	36.43Ad	56.87Ad	68.23Ac	81.23Ab	99.14Aa
NC297	B	18.73Ae	32.6Bd	49.54Acd	61.44Bc	78.1Bb	95.8Aa
NC102	B	21.88Ae	38.9Ad	55.17Ad	66.69Acd	80.31Bb	98.5Aa

注：大写字母为同一温度不同品种间显著性差异，小字母为同一品种不同温度点间显著差异（$P<0.05$），下同。

4. 不同品种的叶片叶绿素降解特性

在烘烤过程中,烟叶由绿变黄,实质是烟叶内叶绿素的大量降解所致。由表 3-12 可知,3 个品种在烘烤 0~24 h 叶绿素含量降解速率最快,48 h 后缓慢下降且趋于平稳。3 个品种的中部烟叶和上部烟叶叶绿素含量在烘烤 96 h 后,叶绿素含量趋于零,基本完全降解,烤后中部叶中,云烟 87 叶绿素含量低于其他品种。3 个烤烟品种鲜烟叶中,NC297 烟叶下、中和上部的叶绿素含量显著高于其他品种,且烤后烟叶叶绿素含量也显著高于其他品种。

表 3-12 不同烤烟品种烘烤过程中烟叶叶绿素含量

品种	部位	叶绿素/($\mu g \cdot g^{-1}$)						
		0 h	12 h	24 h	36 h	48 h	60 h	72 h
云烟 87	X	13.4Aa	12.33Aa	7.34Ab	7.31Ab	6.62Ab	5.34Ab	3.13Bb
NC297		16.4Aa	12Aa	8.4Aa	7.4Aa	6.5Aa	5.7Aa	4.9A
NC102		12.3Ba	8.9Aab	6.2Bb	5.5Bb	4.8Bb	4.1Bb	3.3Bb
品种	部位	0 h	24 h	48 h	72 h	96 h	120 h	144 h
云烟 87	C	14.34Aa	6.34Ab	4.89Ab	3.14Bb	0	0	0
NC297		23Aa	10.7Ab	5.8Ac	5Ac	0	0	0
NC102		14.5Ba	4.4Bb	2.7Bb	3.4Ab	0	0	0
品种	部位	0 h	24 h	48 h	72 h	96 h	120 h	144 h
云烟 87	B	17.32Bb	8.9ABb	5.5Ab	4.2Bc	0	0	0
NC297		20Aa	9.8Ab	7.2Ab	6.6Ab	0	0	0
NC102		17.1Ba	8.5Ab	4.9Ac	4.3Bc	0	0	0

5. 不同品种烘烤过程中多酚氧化酶(PPO)活性变化

由图 3-22 可知,不同品种在烘烤过程中多酚氧化酶(PPO)活性不同。随着烘烤的进行,3 个参试品种的多酚氧化酶(PPO)活性变化趋势相同,表现为先缓慢下降,后迅速上升,在烘烤至 72 h 时有一个明显的高峰,后快速下降。在烘烤 0~12 h 阶段,NC297 多酚氧化酶(PPO)活性最高,云烟 87 多酚氧化酶(PPO)活性最低;在 12~24 h 阶段,3 个品种上部叶多酚氧化酶(PPO)活性显著下降,而中、下部烟叶多酚氧化酶(PPO)活性显著上升;当烘烤至 72 h 时,3 个品种烟叶多酚氧化酶(PPO)活性均显著上升,达到顶峰,且 NC297 烟叶多酚氧化酶(PPO)活性显著高于其他品种。待烘烤至 96 h 时,3 个品种烟叶多酚氧化酶(PPO)活性均显著下降,达到最低值。

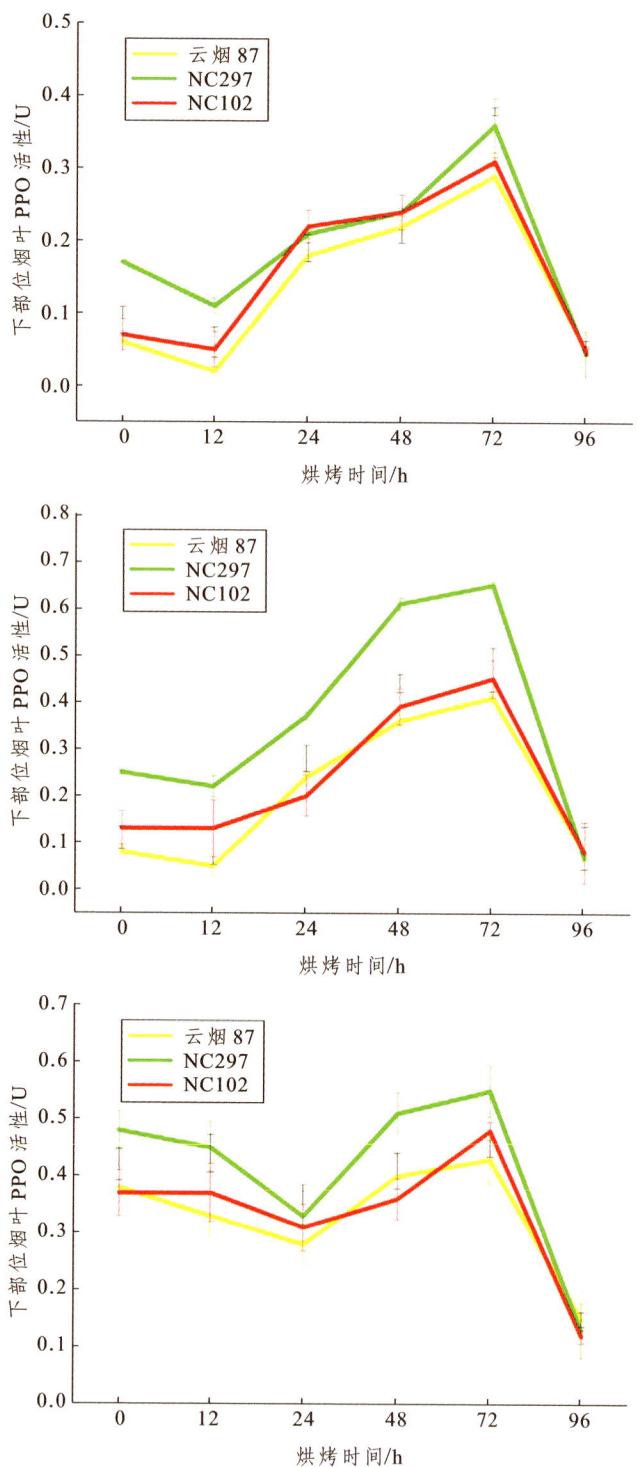

图 3-22 烘烤过程中多酚氧化酶活性变化

6. 不同烤烟品种的淀粉降解特性

由表 3-13 可知,从淀粉降解速率来看,云烟 87 烟叶在 0～48 h 淀粉降解较快,下降幅度差异较大,而 3 个烤烟品种的淀粉降解率在烘烤 48 h 后均趋于稳定。参试品种中,NC297 的下部鲜烟叶中的淀粉含量较高;中部和上部鲜烟叶较低,云烟 87 在上、中、下部鲜烟叶中均较高;而在烘烤中定时取样后发现,NC102 中部烟叶在烘烤 48 h、上部烟叶在烘烤 72 h 开始,淀粉含量均高于其他品种,说明 NC102 的淀粉降解更慢。

表 3-13 烘烤过程中不同品种烟叶的淀粉含量

品种	部位	淀粉/%						
		0 h	12 h	24 h	36 h	48 h	60 h	72 h
云烟 87	X	40.12Ba	21.34Ab	22.31Ab	10.19Bb	9.86Ab	7.57Bb	4.17Bc
NC297		40.82Ba	22.81Ab	22.24Ab	10.74Bc	8.36Bc	6.12Bc	4.58Bc
NC102		37.72Aa	22.31Aa	24.67Aa	9.77Bb	7.87Bb	6.96Bb	4.18Ab
品种	部位	0 h	24 h	48 h	72 h	96 h	120 h	144 h
云烟 87	C	44.32Aa	18.63Bb	8.86Bc	7.31Bc	6.23Bc	5.13Bd	2.46Bd
NC297		28.70Ba	26.06Aa	11.36Ab	7.6B	6.39Bc	5.64Bc	2.31Abc
NC102		42.76Aa	17.96Bb	10.93Ac	9.5Ac	8.96Ac	6.67Bc	3.32Ad
品种	部位	0 h	24 h	48 h	72 h	96 h	120 h	144 h
云烟 87	B	34.14Aa	22.14Ab	15.43Ac	6.23Ad	5.97Ad	5.01Ad	1.31Be
NC297		18.50Ba	15.73Ba	6.73Bb	3.53Bc	1.99Bc	2.89Bc	1.64Bc
NC102		31.74Ba	23.86Ab	13.84Ac	7.57Ac	6.21Ac	5.86Ac	2.44Ac

7. 不同品种初烤烟叶经济效益分析

由表 3-14 可知,3 个品种中以云烟 87 的亩产量、亩产值、均价最高,其次是 NC102,最低是 NC297。中上等烟比例以 NC102 最高,其次是云烟 87,最低是 NC297。

8. 不同品种初烤烟叶的感官评吸质量

根据表 3-15 可知,云烟 87 烟叶评吸得分显著高于 NC102 和 NC297,NC102 的总分最低,为 75 分,总体表现为云烟 87＞NC297＞NC102。

表 3-14　不同烤烟品种的经济效益

烤烟品种	亩产量/kg	亩产值/元	均价/（元/kg）	中上等烟比例/%
云烟 87	148.52a	4668.13a	31.43a	91.7a
NC102	141.22a	4381.73b	29.03a	94.95a
NC297	125.03b	3464.71b	27.71b	87.44b

表 3-15　不同品种初烤烟叶的感官评吸质量（中部叶）

处理	香韵	香气质	香气量	浓度	杂气	刺激性	劲头	干净度	津润感	吃味	总分
云烟 87	8.5	13.4	10.45	10	8	11.5	4.5	9	5	5	85.3a
NC297	7.5	12	10.5	7	8.5	9.5	4.5	8	3.5	4.5	75.5b
NC102	7	12	7.5	7	8	10.5	4.5	8.5	5	5	75b

（三）讨论与结论

烘烤的主要目的是协调烟叶失水与变黄的过程，失水特性可以反映烟叶的易烤性和耐烤性。烟叶内部的生理生化转化受到组织中水分状况的直接影响，因此烟叶在变黄和定色期间需要在有一定含水量的条件下进行，烟叶失水干燥是烟叶颜色固定的必要步骤。研究表明，云烟 87 和 NC102 的变黄和失水过程较为协调，表现出较好的易烤性；而 NC297 失水速率较快，容易产生含青和棕色化反应。叶绿素降解速率在烟叶变黄特性的表现中起到了重要的作用。在变黄期（48 h），云烟 87 和 NC102 的烟叶叶绿素降解速率较快，因此这些品种的烟叶变黄也较为迅速。而 NC297 的鲜烟叶和烤后烟叶中叶绿素的含量相对较高，说明该品种叶绿素降解相对困难，导致难以使其变黄定色。

多酚氧化酶（PPO）是组成鲜烟叶的重要酶类之一，其活性与烤烟品种的烘烤特性密切相关。另外，研究表明，不同品种的上部叶中多酚氧化酶（PPO）活性与烤后杂色烟的比例呈显著的正相关，在定色期（72 h），多酚氧化酶（PPO）活性水平高的品种会作用于多酚类物质发生酶促棕色化反应，从而导致烤后烟中杂色烟的比例较大。因此，在烟叶的耐烤性上，定色期多酚氧化酶（PPO）活性扮演着重要的角色。

NC297 品种的鲜烟叶多酚氧化酶（PPO）活性明显高于其他参试品种，从定色期（72 h）来看，云烟 87 和 NC102 多酚氧化酶（PPO）活性较低，因此它们的耐烤性较好，相比之下，NC297 多酚氧化酶（PPO）活性较高，且烤后下等烟比例较高，这对经济效益产生了影响。

烘烤中烤烟淀粉不降解或降解不完全会严重影响烤后烟叶的色、香、味，卷烟中淀粉含量过高会影响抽吸时的燃烧速度和燃烧完全性。因此，烤烟淀粉降解程度是评判烤烟烤后质量的重要标准之一。NC102烤后中、下部烟叶中的淀粉含量较高，说明NC102在烘烤过程中淀粉不易降解，这也与本试验中NC102感官质量评价最差的结果相一致。

综上所述，NC102和NC297需要进一步开展试点试验，调整栽培技术，优化烘烤工艺后才能在文山烟区大面积推广。

 第三节　烘烤工艺研究

烟叶烘烤是将烟叶在整个农艺生产过程中形成积累的物质充分转化成对质量有益的成分，这决定了烟叶的品质和可用性，是烤烟生产中的关键环节，适宜的烘烤条件对烤烟质量的形成至关重要。烘烤是彰显烟叶品种感官质量的主要途径和关键阶段，完善配套的烘烤工艺对烤后烟叶的外观质量和内在成分含量具有重要影响，而准确判断烤烟的烘烤特性则是制定完善烘烤工艺的基础。最早在1839年，美国北卡罗来纳州首次出现了火管烤烟，到20世纪50年代美国研制了密集烤房并改进了烘烤工艺，自此，烟叶生产进入密集烘烤阶段，这种烘烤工艺由变黄、干筋、定色三个阶段组成，该工艺通过控制干湿球温度及烘烤时长来保证烟叶的烘烤质量，技术要点为在低温条件下使烟叶充分变黄，保持湿球温度稳定，然后不间断升高干球温度。在整个烘烤过程中，烟叶的组织温度和湿球温度接近，为烟叶提供适宜的烘烤环境，有利于烟叶细胞中一系列大分子物质充分降解转化。这种烘烤方法不仅保证了香气前体的产生，而且利于消除烟叶前后面的色差。但该技术在早期并不完善，适用于成熟度接近、品质优良的鲜烟叶。日本采用阶梯升温的调制模式，属于"低温慢变黄慢定色"，此工艺的关键点有低温变黄、黄干协调、适速升温定色、重视湿度温度、允许烘烤技术指标必要时作调整，温湿度程序化自动控制，分段较多。津巴布韦采用密集烤房及大型单元式或连续烘烤设备烘烤烟叶，为农场化生产。

国内烟叶烘烤设备及工艺研究较国外起步晚，但随着我国烟叶生产水平的逐步提高，烘烤技术也取得了较大的进步，经历了三段式烘烤、五段烘烤、七段烘烤和双低烘烤等烤烟烘烤模式。其中三段式烘烤工艺的关键点包括要求低温中湿变黄，中湿定色，相对高湿干筋。在三段式烘烤的基础上，针对各种不同素质的烟叶烘烤

工艺研究也进一步展开，随着我国密集烤房的不断发展，烤烟烘烤技术仍然在不断完善和优化，先后提出了"五段五对应"和"8点式精准密集烘烤工艺"。适宜的烘烤工艺有利于烟叶变黄和失水相互协调，能促进烟叶内物质降解转化及香气物质的积累，明显改善了烤后烟叶评吸质量。

NC102品种烟叶秉承了云南烟叶"清甜香润"风格特征，以清甜香为主，同时伴有较明显的焦甜香，多种香韵协调并存，烟叶品质独特，但NC102较难烘烤，主要是烘烤中烟叶等级水分控制比较困难，在变黄期可能会出现烟叶已经烤黄，但是烟叶的失水程度没有达到，这时如果直接进入定色期会造成烟叶挂灰；若为了达到失水程度而使烟叶发生硬变黄或过度变黄，在进入定色阶段烟叶同样容易出现挂灰。目前，在烘烤NC102的过程中，缺乏对各个时期的温度、湿度以及烘烤时间等精确的把握，特别是变黄期在变黄程度与失水程度的协调上存在问题，定色期、干筋期的温湿度和烘烤时间把控不合理，常使得NC102易烤成挂灰烟。

NC297品种烟叶秉承了云南烟叶"清甜香润"风格特征，以清甜香为主，同时伴有较明显的焦甜香，多种香韵协调并存，烟叶品质独特，但是NC297品种烟叶在烘烤过程中变黄慢、失水慢、难定色的特点，烘烤难度较大，主要是变黄定色与失水不协调，使烟叶内含物的转化与干燥同步进行才能提高烘烤后的烟叶质量。

一、材料和方法

（一）试验材料及试验地概况

供试品种为NC102和NC297，由玉溪中烟种子有限责任公司提供。2022年在云南省文山州丘北县双龙营镇普者黑村（104°14′E，21°13′N，海拔1420 m）开展NC102品种烘烤工艺试验，试验地前作为小麦，土壤有机质为35.59 g/kg，碱解氮含量为133.94 mg/kg，速效磷含量为32.78 mg/kg，速效钾含量为529.7 mg/kg；于云南省红河州建水县青龙镇青龙村委会（102°77′E，23°53′N，海拔1410 m），开展NC297品种烘烤工艺试验，试验地前作为红薯，土壤有机质为18.6 g/kg，碱解氮含量为65.5 mg/kg，速效磷含量为22.6 mg/kg，速效钾含量为16.8 mg/kg。

（二）试验设计

针对两个烤烟品种开展两种烘烤工艺的处理。

处理1：当地常规烘烤工艺。针对正常采烤的烟叶，按照当地优质烟叶生产技术开展常规烘烤。

处理2：优化烘烤工艺。调整烟叶变黄期烘烤、定色期烘烤和干筋期烘烤的干球温度、湿球温度、升温速度、稳温时间、冷风门状态和循环风机状态,使烟叶变黄程度与失水程度协调,直至烘烤完成。

二、检测项目及方法

(一)烟叶外观质量和经济性状

初烤烟叶按照国家现行标准《烤烟》(GB 2635—92)进行分级,并按照试验年度产区的收购价格计算经济效益。

(二)烟叶常规化学成分测定

按照现行行业标准《烟草及烟草制品 水溶性糖的测定 连续流动法》(YC/T 159—2002)、《烟草及烟草制品 总植物碱的测定 连续流动法》(YC/T 160—2002)、《烟草及烟草制品 总氮的测定 连续流动法》(YC/T 161—2002)、《烟草及烟草制品 氯的测定 连续流动法》(YC/T 162—2011)、《烟草及烟草制品 钾的测定 火焰光度法》(YC/T 173—2003)、《烟草及烟草制品 淀粉的测定 连续流动法》(YC/T 216—2013)、《烟草及烟草制品 蛋白质的测定 连续流动法》(YC/T 249—2008)、《烟草及烟草制品 多酚类化合物 绿原酸、莨菪亭和芸香苷的测定》(YC/T 202—2006)对初烤烟叶进行测定。

(三)烟叶感官质量评价

按照云南中烟单体烟感官质量企业标准进行评价。

(四)数据分析工具

采用 Excel 2016 对试验数据进行统计分析。

三、数据分析

(一)对烤后烟叶经济效益的影响

从表 3-16 的试验结果看,NC102 和 NC297 品种的初烤烟叶,在分别处理 2(优化烘烤工艺)能获得较高的亩产值、均价和上等烟比例。综合来看,处理 2(优化烘烤工艺)在产值、均价和上等烟比例上表现高于常规烘烤工艺处理:NC102 亩产值为 4706.12 元，较常规烘烤工艺高 324.06 元；NC297 亩产值为 4028.64 元，较常规烘烤工艺高 324.89 元。

表 3-16　初烤烟叶经济效益

烤烟品种	处理	亩产量/kg	亩产值/元	均价/(元·kg^{-1})	上等烟比例/%	中等烟比例/%	下等烟比例/%
NC102	1	141.22	4382.06	31.03	67.36	27.59	5.05
	2	141.24	4706.12	33.32	83.24	11.71	5.05
NC297	1	125.00	3703.75	29.63	67.59	23.85	8.56
	2	132.00	4028.64	30.53	69.62	23.00	7.38

（二）对烤后烟叶外观质量的影响

选取不同品种、不同处理的 C3F 烟叶样品，进行外观质量评价。由表 3-17 可知，处理 2（优化烘烤工艺）的烟叶样品的总分均高于处理 1（常规烘烤工艺）：NC102 总分为 81.75，较常规烘烤工艺总分高 3.5；NC297 总分为 84.75，较常规烘烤工艺总分高 4.5。两种品种在两个处理下颜色和成熟度没有差异，在结构上差异较大，尤其是 NC297 在常规烘烤下结构排列表现为尚疏松。同时优化后的工艺处理身份、油分、色度相对较好，主要表现为颜色较好，均为橘色，结构较疏松，油分有，总分较高，能够改善烟叶的整体外观质量。

表 3-17　不同烘烤工艺对烤后烟叶外观质量的影响

品种	处理	颜色/分	成熟度/分	结构/分	身份/分	油分/分	色度/分	总分
NC102	1	橘-/8.50	成熟/9.00	疏松-/8.50	稍薄+/7.50	有-/6.50	中+/5.50	78.25
	2	橘-/8.50	成熟/9.00	疏松/9.00	中等/8.50	有/7.00	强-/6.50	81.75
NC297	1	橘/9.50	成熟/9.00	尚疏松-/6.50	稍厚/7.00	有/7.00	强-/6.50	80.25
	2	橘/9.50	成熟/9.00	疏松/9.00	中等-/8.50	有/7.00	强/7.00	84.75

（三）对烤后烟叶主要化学成分的影响

由表 3-18 可知，不同烘烤工艺对烤后烟叶主要化学成分有一定的影响。从两个品种来看，使用优化后的烘烤工艺均能够提高淀粉、还原糖、总糖、总氮和蛋白质含量，降低烟碱含量。两种烘烤工艺造成烤后烟叶两糖比均在 0.75 以上，优化后的烘烤工艺使得烤后烟叶糖碱比更为协调，NC102 的糖碱比为 10.71，NC297 的糖碱比为 11.08。

表 3-18　烤后烟叶主要化学成分对比（%）

品种	处理	淀粉	还原糖	总糖	烟碱	总氮	蛋白质	两糖比	糖碱比	氮碱比
NC102	1	6.4	19.9	23.7	2.4	1.6	4.3	0.84	8.40	0.67
	2	7.4	21.0	27.5	2.0	1.7	4.6	0.76	10.71	0.88
NC297	1	6.0	20.6	24.4	2.5	1.6	4.5	0.84	8.31	0.65
	2	6.6	22.5	26.9	2.0	1.8	4.7	0.84	11.08	0.87

（四）对烤后烟叶感官质量的影响

由表 3-19 可知，不同工艺、不同品种烤后烟叶感官质量存在一定的差异。使用优化后烘烤工艺的两个品种，感官质量均有所提升：NC102 总分 72.70，较常规工艺高 1.55；NC297 总分为 71.55，较常规工艺高 1.45。优化后的烘烤工艺与常规烘烤工艺相比，香气量、刺激性、余味、甜度皆有所提升，其中甜度提升明显；在劲头、透发性、杂气、燃烧性和灰分上没有明显变化；NC102 浓度在优化烘烤工艺后明显降低。

表 3-19　不同烘烤工艺烤后烟叶香韵风格对比

品种	处理	浓度	劲头	香气质	香气量	透发性	杂气	刺激性	余味	甜度	燃烧性	灰分	总分
NC102	1	6.4	6.0	6.5	6.2	6.6	6.3	6.5	6.6	6.1	4.0	3.3	71.15
	2	5.9	6.0	6.5	6.5	6.5	6.5	6.7	6.7	6.5	4.0	3.3	72.70
NC297	1	6.6	6.1	6.2	6.2	6.5	6.3	6.5	6.2	6.3	4.0	3.3	70.10
	2	6.5	6.0	6.3	6.4	6.5	6.4	6.7	6.3	6.6	4.0	3.3	71.55

（五）烘烤工艺方法分析

1. NC297 的烘烤工艺方法分析

在烘烤中采用"稳温调湿变黄、低温排湿凋萎、通风脱水干叶、控温控湿干筋"的烘烤方法，见表 3-20。

稳温调湿变黄前期（图 3-23）：点火后，以平均 1 ℃/h 的升温速度，在 8～15 h 内，将高温层烟叶干球温度升到 34～36 ℃，湿球温度调整在 33～34 ℃，稳温 12～18 h；目标为高温层烟叶、叶耳变黄，总体变黄程度达 20%。

表 3-20　NC297 烘烤工艺

	升温速率	干球温度	湿球温度	稳温时间
稳温调湿变黄前期	1 ℃/h	34～36 ℃	33～34 ℃	12～18 h
稳温调湿变黄后期	1 ℃/（1.5～2）h	38～39 ℃	34～35 ℃	18～24 h
低温排湿调萎前期	1 ℃/（1.5～2）h	44～46 ℃	35～36 ℃	15～20 h
低温排湿调萎后期	1 ℃/（1～1.5）h	49～50 ℃	36～37 ℃	15～20 h
通风脱水干叶	1 ℃/h	55～56 ℃	37～38 ℃	18～24 h
干筋阶段过渡期	1 ℃/h	62～63 ℃	38～39 ℃	12～18 h
控温、控湿干筋期	1 ℃/h	67～68 ℃	39～40 ℃	—

图 3-23　稳温调湿变黄前期

稳温调湿变黄后期（图 3-24）：以 1 ℃/（1.5～2）h 的升温速度升温，干球温度从 35 ℃升到 38～39 ℃，湿球温度调整在 34～35 ℃，稳温 18～24 h；目标为高温层烟叶青筋黄片为止。

低温排湿调萎前期（图 3-25）：以平均 1 ℃/（1.5～2）h 的升温速度升温，在 9～16 h 内，干球温度由 38 ℃升到 44～46 ℃，湿球温度 35～36 ℃，相对湿度控制在 56%～44%，稳温 15～20 h；目标为高温层烟叶勾尖卷边，轻度调萎；低温层烟叶达到青筋黄片为止。

图 3-24 稳温调湿变黄后期

图 3-25 低温排湿凋萎前期

低温排湿凋萎后期（图 3-26）：以平均 1 ℃/（1~1.5）h 的升温速度升温，在 4~8 h 内，干球温度由 45 ℃升到 49~50 ℃，湿球温度保持在 36~37 ℃，稳温 15~20 h；目标为高温层烟叶叶干 1/2~2/3；低温层烟叶勾尖卷边，充分凋萎。

图 3-26　低温排湿凋萎后期

通风脱水干叶（图 3-27）：以平均 1 ℃/h 的升温速度升温，在 5～6 h 内，干球温度由 50 ℃升到 55～56 ℃，湿球温度保持在 37～38 ℃，稳温 18～24 h，目标为高温层烟叶叶片干燥，中下层烟叶叶干 1/3～1/2，全炉烟叶主脉翻白为止。

图 3-27　通风脱水干叶

干筋阶段过渡期（图 3-28）：以 1 ℃/h 的升温速度升温，干球温度从 55 ℃升到 62～63 ℃，湿球温度调整在 38～39 ℃，稳温 12～18 h，目标为全炉烟叶主脉干燥 1/2 以上转火。

图 3-28 干筋阶段过渡期

控温、控湿干筋（图 3-29）：以 1 ℃/h 的升温速度升温，干球温度升至 67～68 ℃，湿球温度保持 39～40 ℃，稳温 24～36 h，目标为高温层烟叶主脉干燥。

2. NC102 烘烤工艺方法分析

将采收的新鲜 NC102 烟叶编竿后按照上密下疏、错位交叉的形式将烟竿装入烤房烘烤，装入烤房后的烟叶依次经过变黄期烘烤、定色期烘烤和干筋期烘烤；根据装烟台数对应调整变黄期烘烤、定色期烘烤和干筋期烘烤的干球温度、湿球温度、升温速度、稳温时间、冷风门状态和循环风机状态，调整过程中使烟叶变黄程度与失水程度相协调，直至烘烤完成。

烤好 NC102 烟叶的要点是采取"一增一减一降"的措施，即增加变黄期 38 ℃、42 ℃烘烤时间；减少变黄初期干球 36 ℃以下烘烤时间；在干球 42 ℃烟叶变黄后，稳定干球温度，适当降低湿球温度，见表 3-21。

图 3-29 烤好的 NC297

表 3-21 NC102 烘烤工艺

阶段	升温速率	干球温度	湿球温度	稳温时间
变黄前期	—	35 ℃	33~35 ℃	8~10 h
变黄中期	1 ℃/h	38 ℃	35~36 ℃	18~24 h
变黄后期	1 ℃/2 h	40 ℃	35~36 ℃	18~24 h
定色前期	1 ℃/3 h	42 ℃	35~36 ℃	8~12 h
定色中期	1 ℃/2 h	45 ℃	36~37 ℃	12~18 h
定色后期	1 ℃/2 h	48 ℃	37~38 ℃	12~18 h
干筋期	1 ℃/h	65~68 ℃	38~39 ℃	—

（1）变黄期：

变黄前期温度35 ℃，湿球温度33~35 ℃，变黄时间8~10 h。高温层烟叶变黄30%左右升温，每1 h升温1 ℃，到下一阶段，如图3-30所示。

图 3-30 烤烟 NC102 变黄前期

变黄中期干球温度 38.0 ℃，湿球温度 35～36 ℃，变黄时间 18～24 h。高温层烟叶大部分达黄片青筋（叶肉充分变黄）、烟叶大部分发软后，每 2 h 升温 1 ℃，到下一阶段，如图 3-31 所示。

图 3-31 烤烟 NC102 变黄中期

变黄后期干球温度 40 ℃，湿球温度 35～36 ℃，变黄时间 18～24 h。低温层烟叶达到青筋黄片；每 3 h 升温 1 ℃，到下一阶段，如图 3-32 所示。

图 3-32　烤烟 NC102 变黄后期

（2）定色期：

定色前期干球温度 42 ℃，湿球温度 35～36 ℃，定色时间 8～12 h。高温层烟叶勾尖卷边，小卷筒，低温层烟叶支脉大部分变白，每 2 h 升温 1 ℃，到下一阶段。

定色中期干球温度 45 ℃，湿球温度 36～37 ℃，定色时间 12～18 h。高温层烟叶叶片干燥 2/3；低温层烟叶勾尖卷边，充分凋萎；全炉烟叶主脉翻白后，每 2 h 升温 1 ℃，到下一阶段。

定色后期干球温度 48 ℃，湿球温度 37～38 ℃，定色时间 12～18 h。稳温至高温层叶片完全干燥，低温层烟叶叶片干燥 1/2。每 1 h 升温 1 ℃，到下一阶段，如图 3-33 所示。

（3）干筋期：

干筋阶段温度 65～68 ℃，湿球温度 38～39 ℃，湿球温度不超过 40 ℃，直到全炉烟叶充分干燥，如图 3-34 所示。

图 3-33 烤烟 NC102 定色期

图 3-34 烤烟 NC102 干筋期

四、总结与结论

烘烤工艺对烤后质量至关重要,不同烘烤工艺的烘烤效果存在一定差异。优化后的烘烤工艺明显改善了烟叶的外观质量,通过减慢升温速度、延长稳温时间等措施,促使淀粉充分降解和糖类转化分解,确保烟叶香气物质有足够时间来产生,烤后烟叶香气物质增多,改善了烟叶的总体协调性,提升了吸食质量和风格特征。同时,外观质量的提升与烟叶的经济性状呈正相关,尽管优化后的烘烤工艺会导致总烘烤时间延长,但经济效益仍然明显高于常规密集烘烤工艺。因此,优化烘烤工艺能够提高烟叶的均价,从而带来更好的经济效益。

优化烘烤工艺针对上、中、下部位的烟叶都可以适用,遇到特殊烟叶时,只需要通过调节稳温时间以及调减湿球温度。优化烘烤工艺通用于所有烟叶,能够方便烟农掌握,所以相比于常规烘烤工艺,优化后的烘烤工艺既可以明显改善烟叶的外观质量和经济效益,提升烟叶的吸食质量和风格特征,又可以简化操作,减小烘烤风险、节省人力和能源,同时发挥品种潜力,增加烟农收入。

(一)NC297较优的烘烤工艺

下部烟叶:变黄期干球温度升到 35~38 ℃,湿球温度调整在 33~35 ℃,保持这样的干湿球温度,至全炉烟叶叶肉全黄失水凋萎拖条,这一阶段通常需要 72 h;达到这一烘烤目标后,再以 1 ℃/h 的升温速度从 38 ℃升到 42~50 ℃,湿球温度调整在 35~36 ℃。保持这样的干湿球温度,烤到全炉烟叶支脉变白勾尖卷边小卷筒为止,这一阶段通常需要 38 h;定色期 50~54 ℃,湿球温度 37~38 ℃,这一阶段通常需要 28 h,烤至全炉烟叶叶肉干燥大卷筒;干筋期干球温度 55~68 ℃,湿球温度调整在 38~39 ℃,这一阶段通常需要 30 h,烤至全炉烟叶主脉干燥。

中部烟叶:变黄期干球温度,在 3~5 h 内,由 35 ℃以平均 1 ℃/h 的升温速度升到 35~40 ℃,湿球温度调整在 33~35 ℃,稳定干湿球温度,烤到全炉烟叶叶肉全黄失水凋萎拖条,这一阶段一般需要 72 h;达到这一烘烤目标后,干球温度在 3~5 h 内,以平均 1 ℃/h 的升温速度由 40 ℃升到 42~50 ℃,湿球温度保持在 35~36 ℃,稳定干湿球温度,烤到全炉烟叶支脉变白勾尖卷边小卷筒;这一阶段称为凋萎期,一般需要 45 h;达到这一烘烤目标后,干球温度升到 50~54 ℃,湿球温度保持在 37~38 ℃,持续 30 h,烤到全炉烟叶叶肉干燥大卷筒;之后干球温度升到 55~68 ℃,湿球温度保持在 38~39 ℃,至全炉烟叶主脉干燥,这一阶段称为干筋期,一般需要 28 h。

上部烟叶:干球温度在 3~5 h 内,以平均 1 ℃/h 的升温速度升到 35~40 ℃,湿球温度保持在 33~35 ℃,持续 72 h,烤到全炉烟叶叶肉全黄失水凋萎拖条;达到这一烘烤目标后,干球温度升到 42~50 ℃,湿球温度保持在 35~36 ℃,持续 48 h,

烤到全炉烟叶支脉变白勾尖卷边小卷筒；达到这一烘烤目标后，干球温度升到 50~54 ℃，湿球温度保持在 37~38 ℃，持续 38 h，烤到全炉烟叶叶肉干燥大卷筒；之后干球温度升到 55~68 ℃，湿球温度保持在 38~39 ℃，至全炉烟叶主脉干燥，这一阶段需要 35 h。

（二）NC102 较优的烘烤工艺

烤房优选为三层烤房或四层烤房，变黄期烘烤包括变黄前期烘烤、变黄中期烘烤和变黄后期烘烤，其中，变黄前期烘烤为：以 1 ℃/h 的升温速率将干球温度由室温升至 30~33 ℃，湿球温度由室温调整至 30 ℃；待干、湿球温度稳定后继续烘烤 1~3 h，同时关闭冷风门及运行低档循环风机。

变黄中期烘烤为：待变黄前期烘烤结束后，以 1 ℃/2 h 的升温速率将干球温度升至 35 ℃，湿球温度调整至 33 ℃，待干、湿球温度稳定后继续烘烤 6~8 h，直至四层烤房中的第四台烟叶叶尖变黄 5~8 cm，或直至三层烤房中的第三台烟叶叶尖变黄 5~8 cm；待烟叶叶尖变黄 5~8 cm 后冷风门开一指，同时运行低档循环风机；接着以 1 ℃/2 h 的升温速率将干球温度升至 38~39 ℃，湿球温度调整至 34 ℃，待干、湿球温度稳定后继续烘烤 20~30 h，直至四层烤房中的第三台烟叶变黄 7~8 成，或直至三层烤房中的第二台烟叶变黄九成；待变黄中期烘烤完成后，冷风门开 2~3 指，同时运行低档循环风机。

变黄后期烘烤为：待变黄中期烘烤结束后，以 1 ℃/3 h 的升温速率将干球温度升至 40 ℃，湿球温度调整至 34 ℃；待干、湿球温度稳定后继续烘烤 6~10 h，直至四层烤房中的第二台烟叶勾尖卷边，或直至三层烤房中的第二台烟叶勾尖卷边；待烟叶勾尖卷边后，冷风门开 3 指，同时运行高档循环风机，然后以 1 ℃/3 h 的升温速率将干球温度升至 42 ℃，湿球温度调整至 34 ℃，待干、湿球温度稳定后继续烘烤 18~22 h，直至四层烤房中的第二台烟叶小卷筒，或三层烤房中的第二台烟叶小卷筒，待烟叶出现小卷筒后，冷风门开 3~4 指，同时运行高档循环风机；接着以 1 ℃/2~3 h 的升温速率将干球温度升至 44~45 ℃，湿球温度调整至 34 ℃，待干、湿球温度稳定后继续烘烤 10~18 h，直至四层烤房中的第三台烟叶小卷筒，或三层烤房中的第二台烟叶大卷筒，同时冷风门开 3~5 指，并运行高档循环风机。

定色期烘烤包括：定色前期烘烤、定色中期烘烤和定色后期烘烤。

定色前期烘烤为：在变黄后期结束后，以 1 ℃/h 的升温速率将干球温度升至 48 ℃，湿球温度调整至 34.5 ℃，待干、湿球温度稳定后持续烘烤 18~22 h，直至四层烤房中的第一台烟叶小卷筒，或直至三层烤房中的第一台烟叶小卷筒，同时冷风门开 3 指，并运行高档循环风机。

定色中期烘烤为：待定色前期烘烤结束后，以 1 ℃/h 的升温速率将干球温度升至54 ℃，湿球温度调整至35 ℃，待干、湿球温度稳定后继续烘烤10～12 h，直至四层烤房或三层烤房全炉大卷筒，同时冷风门开3～4指，并运行高档循环风机。

定色后期烘烤为：待定色中期烘烤结束后，以1 ℃/h的升温速率将干球温度升至62 ℃，湿球温度调整至37 ℃，待干、湿球温度稳定后继续烘烤8～10 h，直至四层烤房或三层烤房中的所有烟叶主脉干三分之一以上，同时冷风门开3～4指，并运行高档循环风机。

干筋期烘烤为：待定色期结束后，以1 ℃/h的升温速率将干球温度升至65～68 ℃，湿球温度调整至38 ℃，待干、湿球温度稳定后，烘烤至四层烤房或三层烤房中的全炉烟叶主脉全部烤干，同时冷风门开3～4指，并运行低档循环风机。

第四章

烟叶质量特征

第一节　烟叶质量评价体系

烟叶质量包含烟叶的外观质量、感官质量、化学成分、物理特性和安全性等方面。烟叶的物理性质和化学性质受遗传（品种）、农业措施、土壤类型及营养成分、气候、病害、采收时间和方法以及调制技术的影响。烟叶质量通过良好的田间发育初步形成，通过成熟采收和适当的调制将烟叶质量体现出来。

一、烟叶外观质量

烟叶外观质量是烟叶分级的重要依据，与烟叶内在质量密切相关的外观因素有部位、颜色、成熟度、叶片结构、身份、油分、色度、长度、宽度和残伤等。评价方法以现行国家标准《烤烟》（GB 2635—92）为基础，常采用定性描述和定量描述相结合的方法。

1. 成熟度

成熟度是决定烟叶外观质量的重要指标，包含田间成熟和调制后熟两个过程。田间成熟度与烟叶营养状况、气候状况、烟叶生长时间及卷烟工业需求密切相关，烟叶要达到正常成熟，需要充足的养分，适量的水分，适宜的温度和光照。

2. 身份

身份指烟叶厚度、细胞密度或单位面积的重量，以厚度表示。上部烟叶叶片较厚，组织相对紧密，糖含量较低，烟碱含量较高，香气物质含量高，总糖与烟碱的比值低，劲头大，杂气较重；中部烟叶厚度适中，组织结构较疏松，总糖含量较高，烟碱含量适中；下部烟叶组织结构疏松，叶片较薄油分少，填充性好，还原糖、总糖、烟碱较低。

3. 颜色

不同类型烟叶要求的颜色不同，烤烟最佳颜色为橘黄和金黄，且在贮藏过程中不褪色。晒黄烟要求黄色，晒红烟、白肋烟及雪茄烟要求棕色或棕褐色。

4. 油分

油分是指叶片含有的一种柔润的半流体物质。这种物质反映在烟叶外观上有油润和丰满的感觉。烟叶油分与水溶性碳水化合物、树脂和胶质等的含量有关,其含量高时油分足,含量低时油分差。不成熟的烟叶,组织结构紧密,表面光滑,油分差。

5. 弹性

弹性是指含水量适中的烟叶轻微撕拉时的抗碎能力,即烟叶的拉力。弹性与油分紧密相连,油分足则弹性强,油分少则弹性弱。

二、烟叶的物理特性

烟叶的物理特性是指影响烟叶工艺加工的有关因素,主要包括叶片的厚度、单叶重、吸湿性和平衡含水率、填充值、含梗率等。

1. 烟叶厚度

烟叶厚度是指烟叶的物理厚度,与烟叶身份有一定的相关性;与烟叶类型、产地、部位有关。烤烟的厚度大于白肋烟;北方烟区的烤烟厚度大于南方烟区;上部烟叶的厚度大于中部叶,中部烟叶的厚度大于下部叶。

2. 单叶重

单叶重与叶片大小、厚薄和单位叶面积质量直接相关,受群体大小、矿物质营养和光照条件影响,是衡量烟叶经济性状的主要指标之一。

3. 吸湿性

烟叶是一种具有吸湿性的物质,当置于不同的空气状态(如一定温度和湿度)下,烟叶本身的含水率将增大或减小,这种受空气温湿度影响而改变其含水率的性能,称为烟叶的吸湿性。它包括两个方面的含义:一是烟叶从空气中吸收水分(吸湿);二是烟叶向空气中散失水分(解湿)。

4. 填充值

烟叶的填充能力大小通过测定其切后烟丝的填充值进行评价。烟丝填充值指单位质量的烟丝在一定压力下,经过一定时间后所保持的体积,以比容来表示,单位是 cm^3/g。通常在一定温、湿度的空气中平衡烟丝含水率后进行测定。

烟丝的填充能力受许多因素的影响，主要与烟丝的含水率、温度以及烟丝的长度和宽度等有关。

三、烟叶化学成分

烟叶中主要化学成分的含量，在很大程度上决定了烟叶及其制品的烟气特性，因而直接影响着烟叶品质的优劣。烟叶化学成分主要有总糖、还原糖、总氮、蛋白质、烟碱和其他挥发性碱等。归纳起来主要有三大类。

1. 非含氮化合物

非含氮化合物包括单糖、双糖、淀粉、有机酸、石油醚提取物、萜烯类、多酚类、纤维素、果胶质等。在一定范围内，质量好的烤烟总糖含量较高；淀粉在烘烤过程中分解的单糖，可使烟叶弹性好、吃味佳；有机酸、石油醚提取物、萜烯类、多酚类等是形成香气的重要成分；纤维素和果胶质属于多糖类物质，是烟草中相对稳定的化合物。

2. 含氮化合物

含氮化合物包括蛋白质、氨基酸、烟碱及其他挥发性碱。烤烟总氮含量以 2.5% 左右为宜。烟碱含量 1.5%~3.5%为适宜，烟碱含量过高，烟气劲头过大，刺激喉部；烟碱含量过低，则烟气少香无味。氨基酸与香吃味品质有一定的关系，氨基酸与糖类作用的产物对烟叶香吃味品质贡献很大。蛋白质对吸味起不良作用，在高温分解时产生不良吸味，刺激口鼻。

3. 矿物质

矿物质主要指钾、钙、镁、磷、硫、氯等。钾、氯是影响烟叶燃烧性的主要成分，对烟叶的香气质和香气量的影响也很大。氯含量阻碍燃烧最明显，钾、钙、镁促进燃烧完全，使烟灰呈白色。

烟叶许多化学成分及其协调性与烟叶感官质量关系十分密切，除单项指标外，各化学成分之间的比值也十分重要。一般认为，烤烟中还原糖含量为 5.0%~25%，最佳含量在15%左右；总氮含量在 1.5%~3.5%，最佳含量为 2.5%左右；烟碱含量在 1.5%~3.5%，最佳的含量在 2%左右。总糖与烟碱的比例为（10~15）:1 比较适宜；总氮与烟碱的比例以 1 或略小于 1 为宜；钾氯比以 4 为宜。

第二节 初烤烟叶外观质量分析

一、NC102 品种烟叶外观质量特征

该品种的初烤烟叶成熟度好，颜色橘黄，光泽强，结构疏松，身份适中，油分较足，如图 4-1、图 4-2 和图 4-3 所示。

图 4-1 NC102 上部烟叶

图 4-2　NC102 中部烟叶

第四章 烟叶质量特征 \

图 4-3 NC102 下部烟叶

二、NC297 品种烟叶外观质量特征

该品种的初烤烟叶成熟度好,颜色橘黄,光泽强,结构疏松,身份稍薄,油分较足,中、上部叶身份适中,下部叶稍薄,如图 4-4、图 4-5 和图 4-6 所示。

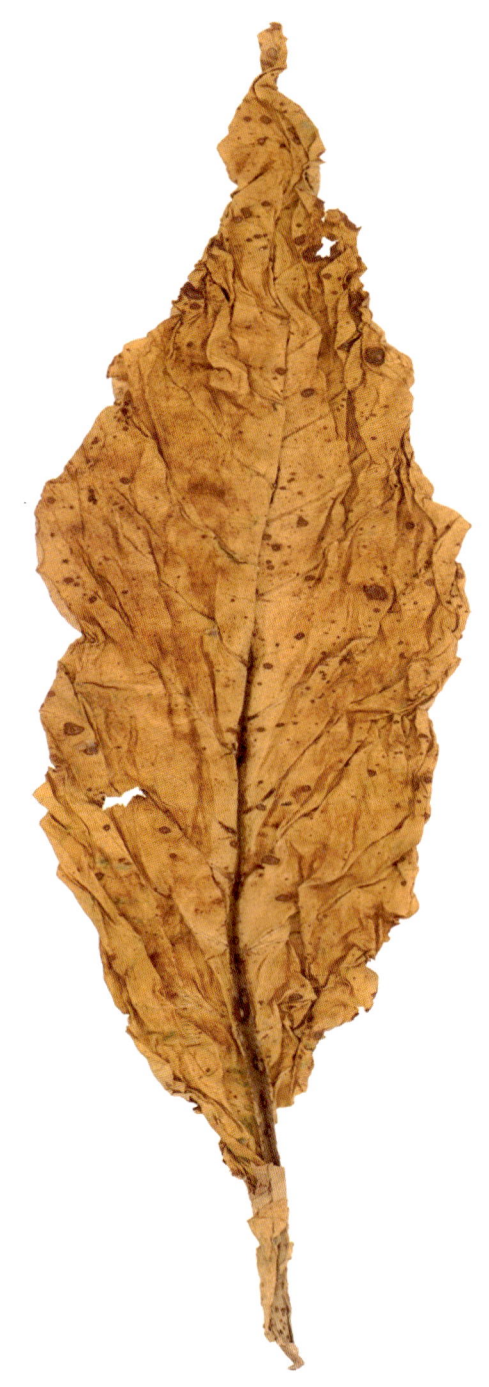

图 4-4　NC297 上部烟叶

图 4-5　NC297 中部烟叶

图 4-6　NC297 下部烟叶

第四章 烟叶质量特征

三、结论

通过分析比较 NC102 和 NC297 与 K326 的烟叶外观质量差异，发现这两个品种的身份比 K326 略薄，其余颜色、油分等指标差异不明显。

第三节　初烤烟叶化学成分分析

近年，云南中烟在昆明、曲靖、红河、玉溪、楚雄、大理、文山等产区开展 NC102 及 NC297 种植、研究开发及采购。为及时了解烟叶质量状况，每个烤季应用近红外光谱仪对工商交接烟叶的化学成分进行检测。以下为两个品种 2022 年及近几年初烤烟叶化学成分检测分析结果。

一、NC102 初烤烟叶化学成分

（一）2022 年 NC102 初烤烟叶化学成分

1. 2022 年总体情况

表 4-1 为 2022 年 NC102 品种烟叶化学成分统计结果。

表 4-1　2022 年 NC102 品种烟叶化学成分统计结果

指标	烟碱	总糖	还原糖	总氮	钾	氯	糖碱比	钾氯比	氮碱比	两糖差	施木克值
平均值	2.80	30.24	20.43	2.23	2.03	0.29	12.87	8.44	0.86	9.82	2.47
最大值	5.14	40.88	29.02	3.47	2.94	0.91	40.08	21.27	1.66	13.91	8.68
最小值	1.02	18.81	11.40	1.52	1.30	0.11	3.70	1.91	0.57	6.44	0.66
标准差	0.98	4.92	3.56	0.44	0.28	0.13	6.64	3.87	0.23	1.75	1.42
变异系数	35.00	16.27	17.43	19.73	13.79	44.83	51.59	45.85	26.74	17.82	57.49

2. 2022 年各部位烟叶化学成分

表 4-2 为 2022 年 NC102 品种烟叶样品各部位烟叶化学成分统计结果。

\ 云南烟区 NC102、NC297 烟叶生产技术与质量评价

表 4-2　2022 年 NC102 上、中、下部位烟叶化学成分统计结果

部位	指标	烟碱	总糖	还原糖	总氮	钾	氯	糖碱比	钾氯比	两糖差	氮碱比	施木克值
上部	平均值	3.84	25.98	17.33	2.69	1.87	0.33	6.99	6.06	8.65	0.71	1.28
	最大值	5.14	33.64	21.74	3.47	2.26	0.53	10.75	11.30	12.18	0.90	2.04
	最小值	2.77	18.81	11.40	2.15	1.30	0.19	3.70	2.83	6.44	0.57	0.66
	变异系数	14.58	15.59	16.56	11.52	13.37	27.27	26.47	29.87	18.03	11.27	27.34
中部	平均值	2.42	32.38	21.90	2.02	2.09	0.27	14.64	9.44	10.48	0.88	2.80
	最大值	4.02	38.95	26.62	2.65	2.51	0.91	28.99	21.27	13.91	1.37	6.06
	最小值	1.12	23.98	16.35	1.52	1.69	0.11	6.23	1.91	6.73	0.61	1.13
	变异系数	27.69	11.46	11.64	14.36	10.53	51.85	34.49	43.33	15.08	22.73	38.21
下部	平均值	1.95	32.20	22.07	1.93	2.17	0.26	18.80	10.09	10.13	1.07	3.77
	最大值	3.24	40.88	29.02	2.61	2.94	0.60	40.08	18.79	11.86	1.66	8.68
	最小值	1.02	25.27	16.82	1.54	1.74	0.13	7.80	3.20	7.57	0.66	1.45
	变异系数	10.23	12.44	10.56	9.32	9.78	20.34	23.45	28.79	13.45	10.36	21.56

表4-1、表4-2为2022年NC102化学成分总体情况和分部位统计情况。

表4-1中数据不分部位，因此各指标的极差及变异系数相对较大。

表4-2为NC102上、中、下三个部位烟叶化学成分的平均值、最大值、最小值及变异系数，从平均值看，各指标值处于合理区间范围。糖碱比一般5～15较为适宜，2022年NC102品种烟叶糖碱比为5～15的占了64%左右，大部分烟叶成分比例协调，下部烟叶糖碱比大于15。

（二）不同年度烟叶化学成分

对2018—2022年NC102品种烟叶样品的化学成分检测数据进行统计分析，不同部位化学成分结果见表4-3。

表4-3 2018—2022年NC102上、中、下部位烟叶化学成分统计结果

部位	年份	烟碱/%	总糖/%	还原糖/%	总氮/%	钾/%	氯/%	糖碱比	钾氯比	两糖差	氮碱比
上部	2018年	3.94	18.29	10.67	3.05	1.85	0.38	2.71	4.87	7.62	0.77
	2019年	3.67	20.8	12.49	2.98	1.90	0.48	3.40	3.96	8.31	0.81
	2020年	3.87	19.13	11.05	2.84	1.93	0.44	2.86	4.39	8.08	0.73
	2022年	3.84	19.98	11.33	2.69	1.87	0.42	2.95	4.45	8.65	0.70
	平均值	3.83	19.55	11.39	2.89	1.89	0.43	2.97	4.39	8.17	0.75
中部	2018年	2.39	24.86	14.64	2.35	2.08	0.19	6.13	10.95	10.22	0.98
	2019年	2.42	26.17	17.67	2.12	2.01	0.17	7.30	11.82	8.50	0.88
	2020年	2.50	26.79	16.75	2.13	2.00	0.20	6.70	10.00	10.04	0.85
	2022年	2.62	27.38	19.9	2.02	2.09	0.26	7.60	8.04	7.48	0.77
	平均值	2.48	26.30	17.24	2.16	2.05	0.21	6.94	9.98	9.06	0.87
下部	2018年	1.62	31.59	21.29	2.09	2.57	0.22	13.14	11.68	10.30	1.29
	2019年	1.73	30.17	21.75	1.85	2.47	0.25	12.57	9.88	8.42	1.07
	2020年	1.56	32.38	22.56	2.01	2.45	0.18	14.46	13.61	9.82	1.29
	2022年	1.95	32.20	22.07	1.93	2.57	0.26	11.32	9.88	10.13	0.99
	平均值	1.72	31.59	21.92	1.97	2.52	0.23	12.78	11.05	9.67	1.15

备注：2021年数据无。

1. 烟碱

NC102各部位烟碱含量年度变化统计如图4-7所示。

\ 云南烟区 NC102、NC297 烟叶生产技术与质量评价

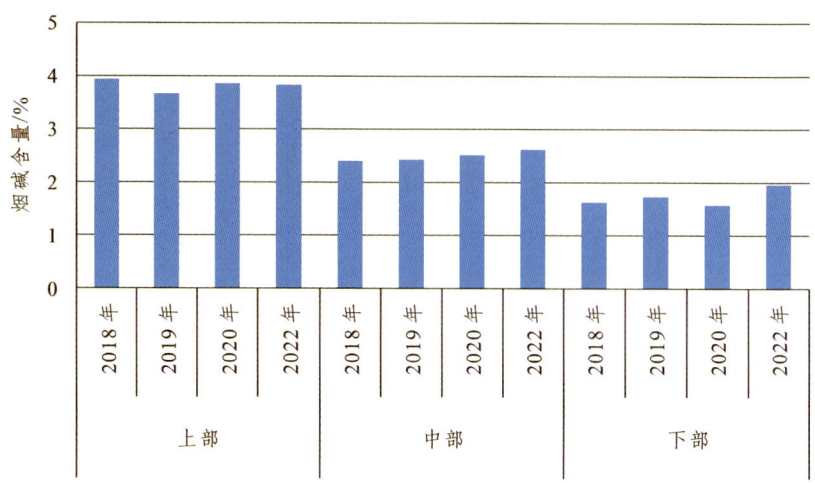

图 4-7　NC102 各部位烟碱含量年度变化统计

2. 总糖

NC102 各部位总糖含量年度变化统计如图 4-8 所示。

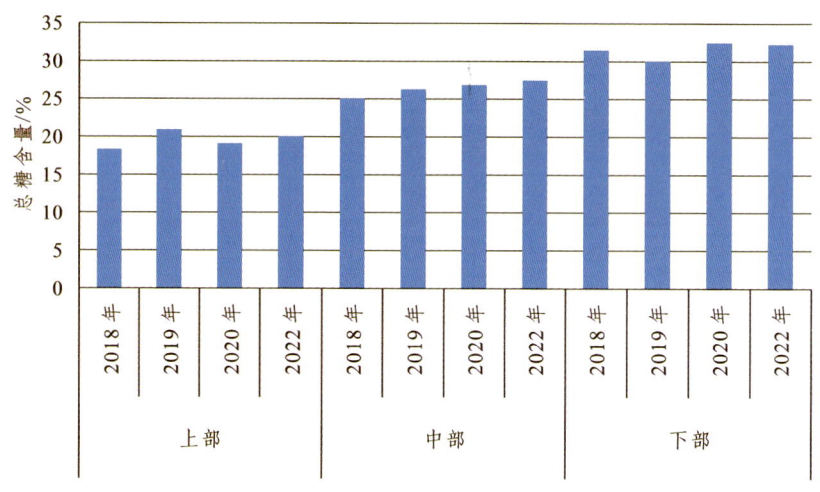

图 4-8　NC102 各部位总糖含量年度变化统计

3. 还原糖

NC102 各部位还原糖含量年度变化统计如图 4-9 所示。

第四章 烟叶质量特征

图4-9 NC102各部位还原糖含量年度变化统计

4. 总氮

NC102各部位总氮含量年度变化统计如图4-10所示。

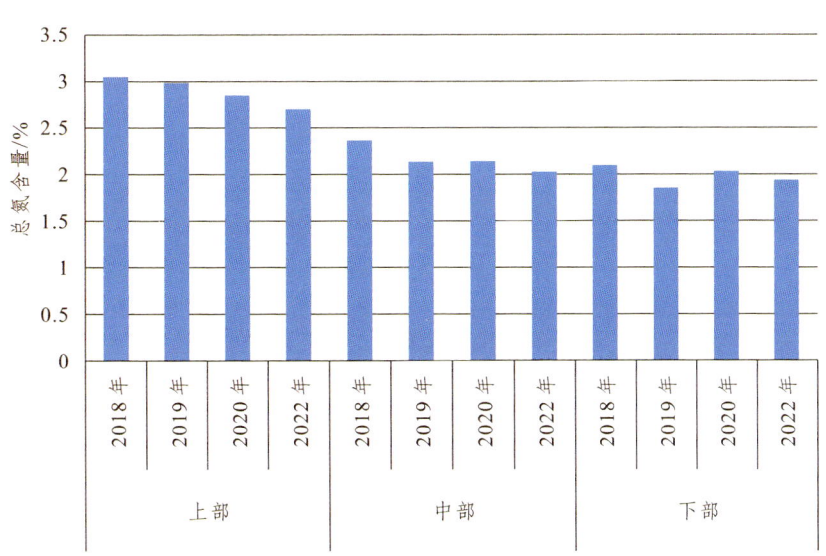

图4-10 NC102各部位总氮含量年度变化统计

5. 钾

NC102各部位钾含量年度变化统计如图4-11所示。

图 4-11　NC102 各部位钾含量年度变化统计

6. 氯

NC102 各部位氯含量年度变化统计如图 4-12 所示。

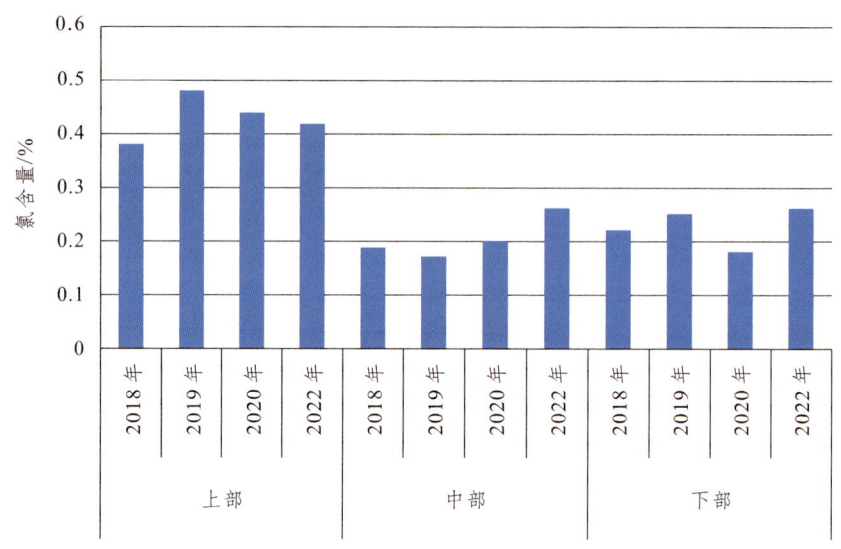

图 4-12　NC102 各部位氯含量年度变化统计

从图 4-7～图 4-12 可看出 2018—2022 年度（2021 年未种植）6 项化学成分情况。

烟碱含量：4 个年度相同部位之间烟碱含量变化不大，2019 年上部叶烟碱含量略低于其他年份，2022 年中部叶、下部叶烟碱含量相对其他年度较高。

总糖、还原糖含量：总糖含量平均值为 19.55%～31.59%；还原糖含量平均值为

11.39%~21.92%。其中2019年上部烟叶总糖含量略高于其他年份，下部烟叶总糖含量略低于其他年份。

总氮含量：4个年度中上部、中部、下部烟叶总氮含量平均值分别为2.89%、2.16%、1.97%。

钾含量：4个年度中上部、中部、下部烟叶钾含量平均值分别为1.89%、2.05%、2.52%，均处于钾含量合理范围内。

氯含量：上部烟叶氯含量4个年度中最高，平均值为0.43%，中部和下部烟叶氯含量平均值接近，平均值分别为0.21%、0.23%，均处于合理范围内。

糖碱比例协调能使烟气在醇和的同时又能保持香气、吃味及适宜的浓度和劲头，使吸烟者得到心理和生理上的满足。4个年度中糖碱比平均值上部烟叶为2.97，中部烟叶为6.94，下部烟叶为12.78，糖碱比总体适宜。

（三）不同产区烟叶化学成分

对石林长湖、石林、昆明、文山四个产区NC102品种烟叶样品的化学成分进行统计，结果见表4-4。

表4-4 不同产区NC102烟叶化学成分统计表

部位	产区	烟碱/%	总糖/%	还原糖/%	总氮/%	钾/%	氯/%
上部	石林长湖	3.84	25.98	17.33	2.69	1.87	0.33
	石林	3.54	25.62	18.32	2.40	1.65	0.24
	昆明	3.73	23.07	18.97	2.51	1.51	0.45
	文山	4.87	16.13	14.05	2.54	1.33	0.30
	平均值	3.99	22.70	17.16	2.54	1.59	0.33
中部	石林长湖	2.50	32.46	21.86	2.03	2.08	0.26
	石林	2.63	29.38	22.11	2.07	1.92	0.31
	昆明	2.93	25.10	20.22	2.11	1.79	0.40
	文山	3.50	26.79	21.75	2.13	1.41	0.20
	平均值	2.89	28.43	21.49	2.08	1.80	0.29
下部	石林长湖	1.79	32.58	22.23	1.86	2.21	0.25
	石林	2.16	27.16	19.77	1.96	2.05	0.14
	昆明	2.06	30.56	22.59	1.78	2.10	0.23
	文山	2.33	33.47	24.89	2.03	2.09	0.56
	平均值	2.08	30.94	22.37	1.91	2.11	0.30

1. 不同产区 NC102 上部烟叶化学成分

不同产区 NC102 上部烟叶化学成分如图 4-13 所示。

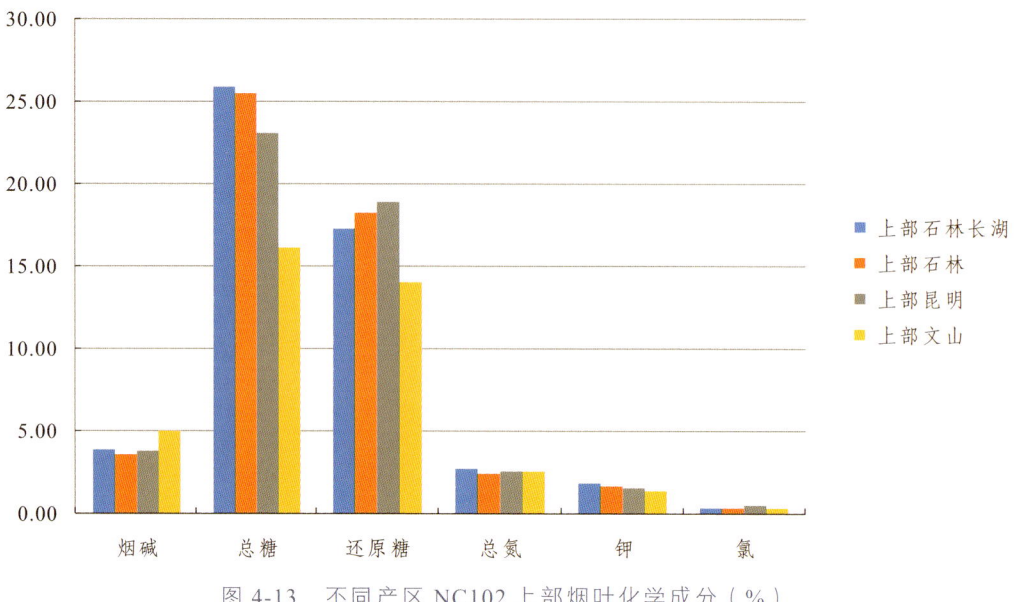

图 4-13　不同产区 NC102 上部烟叶化学成分（%）

2. 不同产区 NC102 中部烟叶化学成分

不同产区 NC102 中部烟叶化学成分如图 4-14 所示。

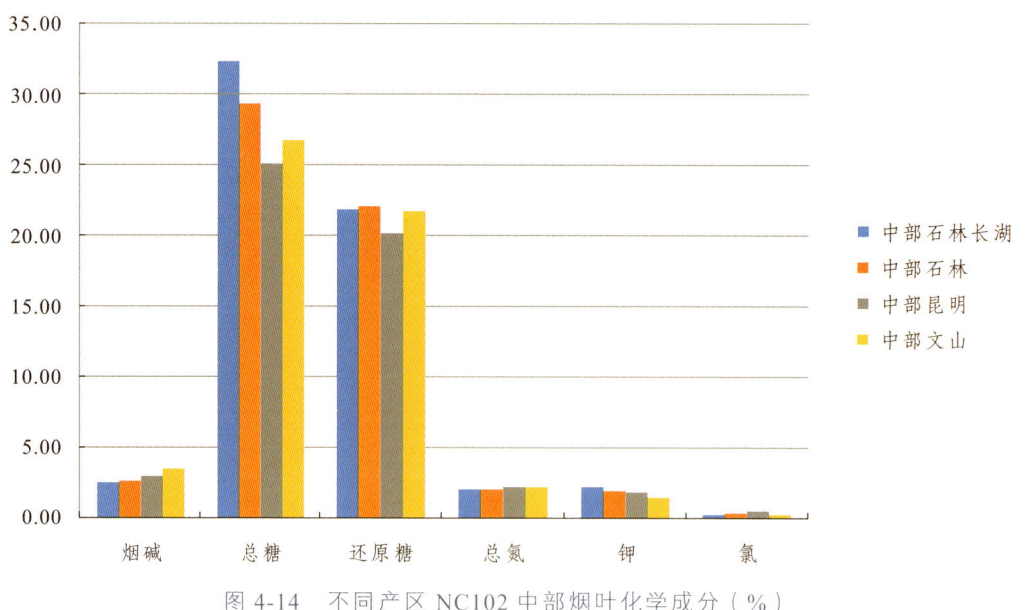

图 4-14　不同产区 NC102 中部烟叶化学成分（%）

3. 不同产区 NC102 下部烟叶化学成分

不同产区 NC102 下部烟叶化学成分如图 4-15 所示。

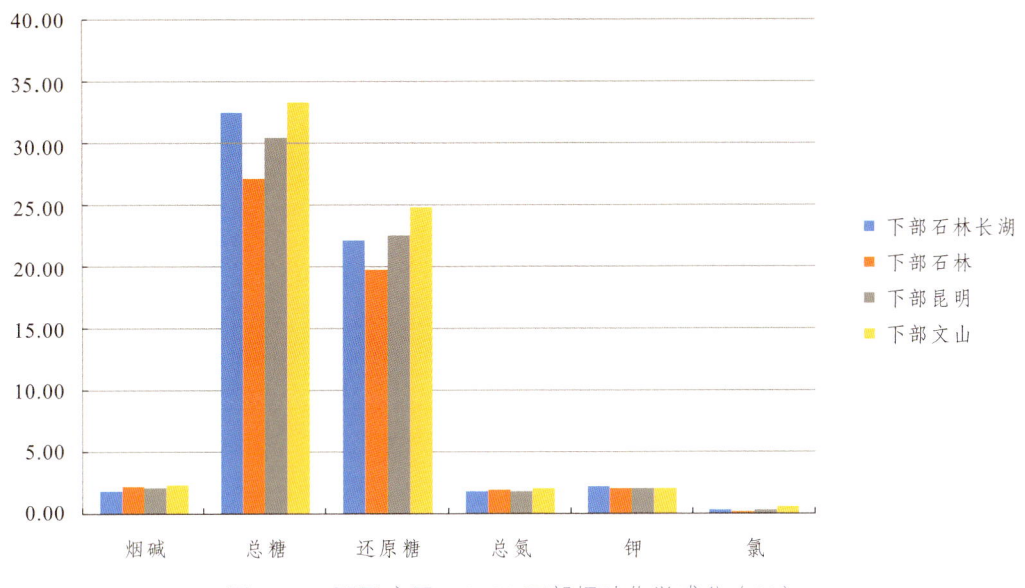

图 4-15　不同产区 NC102 下部烟叶化学成分（%）

4. 不同产区 NC102 三个部位烟碱含量

不同产区 NC102 三个部位烟碱含量如图 4-16 所示。

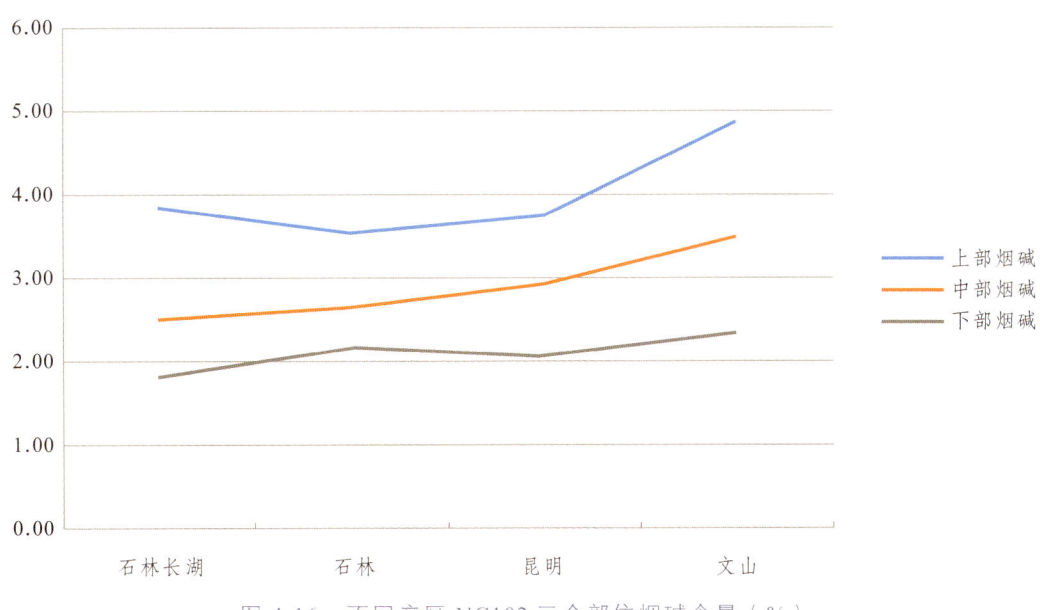

图 4-16　不同产区 NC102 三个部位烟碱含量（%）

5. 不同产区 NC102 三个部位总糖含量

不同产区 NC102 三个部位总糖含量如图 4-17 所示。

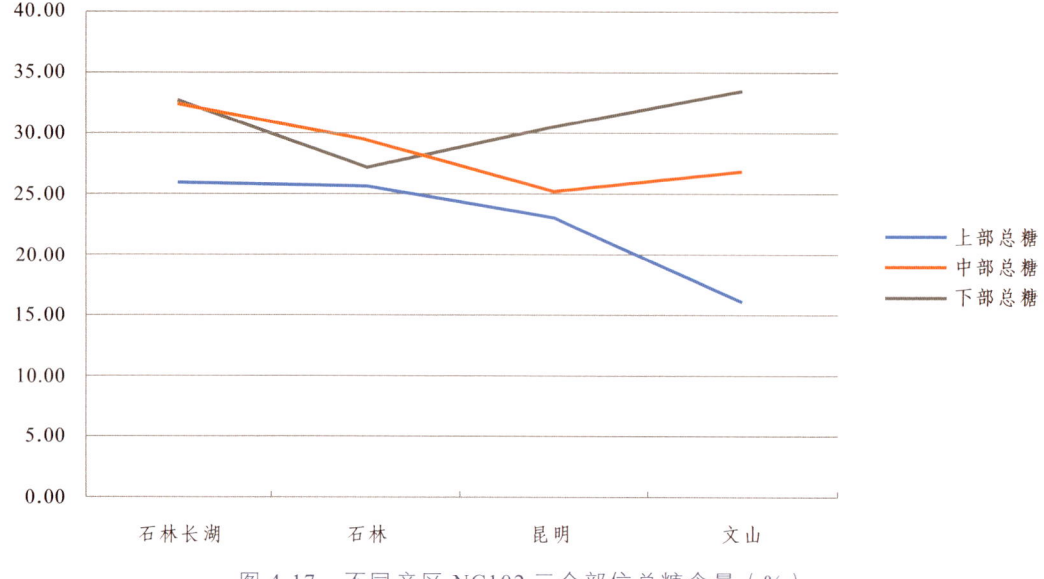

图 4-17　不同产区 NC102 三个部位总糖含量（%）

6. 不同产区 NC102 三个部位还原糖含量

不同产区 NC102 三个部位还原糖含量如图 4-18 所示。

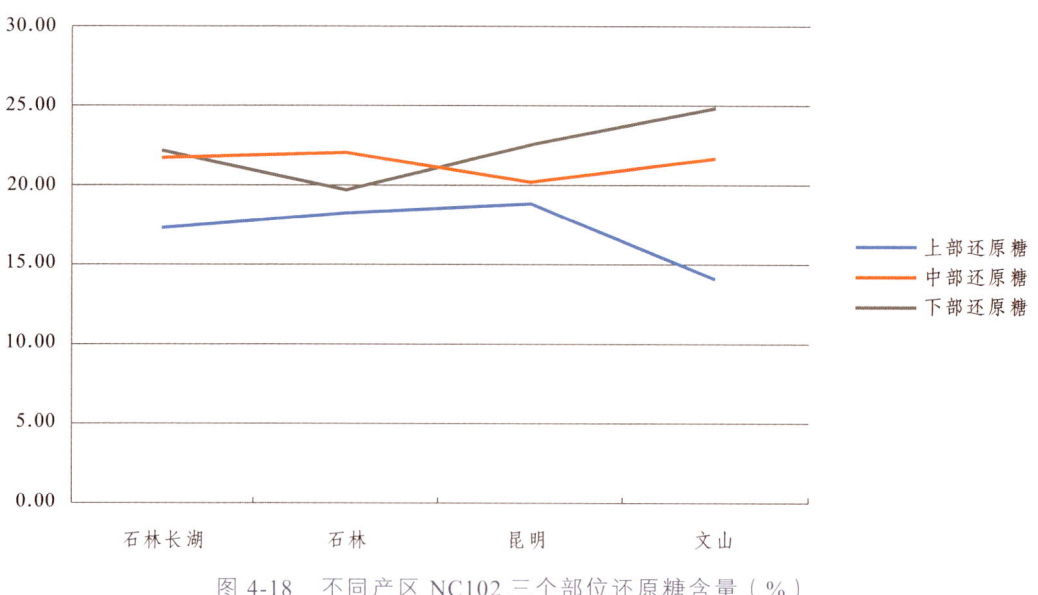

图 4-18　不同产区 NC102 三个部位还原糖含量（%）

7. 不同产区 NC102 三个部位总氮含量

不同产区 NC102 三个部位总氮含量如图 4-19 所示。

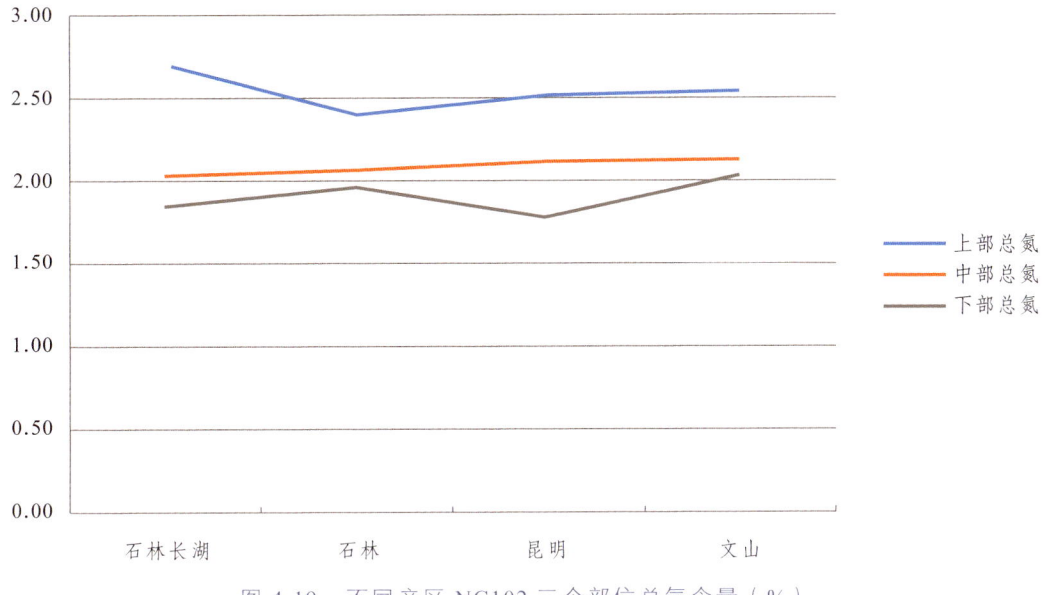

图 4-19　不同产区 NC102 三个部位总氮含量（%）

8. 不同产区 NC102 三个部位钾含量

不同产区 NC102 三个部位钾含量如图 4-20 所示。

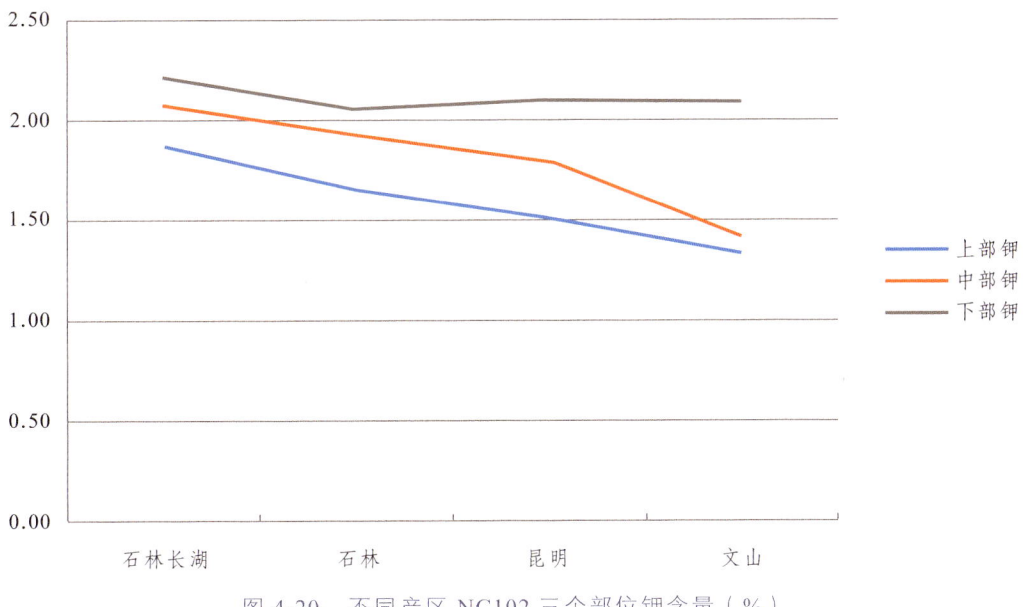

图 4-20　不同产区 NC102 三个部位钾含量（%）

9. 不同产区 NC102 三个部位氯含量

不同产区 NC102 三个部位氯含量如图 4-21 所示。

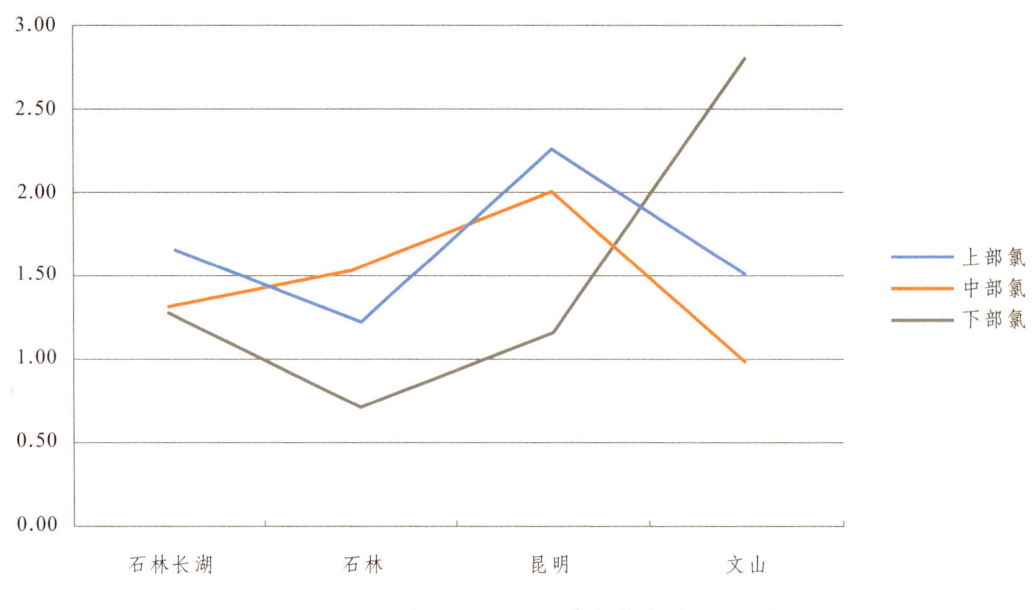

图 4-21　不同产区 NC102 三个部位氯含量（%）

图 4-13～图 4-21 为 NC102 在不同产区的化学成分统计图。在 4 个产区中：

烟碱含量：上、中、下三个部位烟碱含量均为文山最高，分别为 4.87%、3.5%、2.33%。

总糖含量：上部烟叶石林长湖最高，为 25.98%，其次为石林、昆明，文山最低，为 16.13%；中部烟叶石林长湖最高，为 32.46%，其次为石林、文山，昆明最低，为 25.10%；下部烟叶文山最高，为 33.47%，其次为石林长湖、昆明，石林最低，为 27.16%。

还原糖含量：上部烟叶石林长湖、石林、昆明相差不大，文山最低，为 14.05%；中部烟叶昆明最低，为 20.22%，其他三个产区相差不大；下部烟叶文山最高，为 24.89%，石林最低，为 19.77%。

总氮含量：4 个产区的总氮含量差异较小。

钾含量：上部烟叶石林长湖最高，为 1.87%，文山最低，为 1.33%；中部烟叶石林长湖最高，为 2.08%，文山最低，为 1.41%；下部烟叶石林长湖最高，为 2.21%，石林最低，为 2.05%。

氯含量：4 个产区氯含量为 0.14%～0.56%，均在烤烟氯含量的合理范围。

二、NC297 初烤烟叶化学成分

(一) 2022 年 NC297 初烤烟叶化学成分

1. 2022 年总体情况

表 4-5 为 2022 年 NC297 品种烟叶化学成分统计结果。

表 4-5　2022 年 NC297 烟叶化学成分统计结果

指标	烟碱	总糖	还原糖	总氮	钾	氯	糖碱比	钾氯比	氮碱比	两糖差	施木克值
平均值	2.50	28.54	20.68	2.21	2.48	0.44	13.31	7.73	0.96	7.86	2.61
最大值	4.58	36.52	27.43	3.49	4.29	1.23	34.38	25.50	1.87	12.15	7.33
最小值	1.02	17.45	11.75	1.47	1.64	0.08	4.47	2.29	0.59	2.76	0.85
标准差	0.90	4.80	3.31	0.41	0.46	0.24	6.18	5.16	0.27	2.31	1.36
变异系数	36.00	16.82	16.01	18.55	18.55	54.55	46.43	66.75	28.13	29.39	52.11

2. 2022 年各部位烟叶化学成分

表 4-6 为 2022 年 NC297 烟叶样品各部位烟叶化学成分统计结果。

表 4-5、表 4-6 为 2022 年 NC297 化学成分总体情况和分部位统计情况。

表 4-5 中数据不分部位，因此各指标的极差及变异系数相对较大。

表 4-6 为 NC297 上、中、下三个部位烟叶化学成分的平均值、最大值、最小值及变异系数，从平均值看，各指标值处于合理区间范围；糖碱比一般 5~15 较为适宜，2022 年 NC297 品种烟叶糖碱比在 5~15 的占 70% 左右，大部分烟叶成分比例协调，下部烟叶糖碱比平均值大于 15。

(二) 不同年度烟叶化学成分

对 2018—2023 年 NC297 品种烟叶样品的化学成分检测数据进行统计分析，不同部位化学成分统计结果见表 4-7。

表 4-6 2022 年 NC297 上、中、下部位烟叶化学成分统计结果

部位	指标	烟碱	总糖	还原糖	总氮	钾	氯	糖碱比	钾氯比	两糖差	氮碱比	施木克值
上部	平均值	3.26	27.89	20.37	2.56	2.24	0.42	9.65	6.79	7.52	0.81	1.81
上部	最大值	4.58	34.19	24.52	3.49	3.22	0.97	18.66	16.43	12.15	1.13	3.59
上部	最小值	1.76	17.45	12.89	1.72	1.64	0.14	4.47	2.29	3.15	0.64	0.85
上部	变异系数	27.61	18.25	15.91	19.14	19.2	57.14	47.15	54.49	34.97	16.05	49.72
中部	平均值	2.36	29.04	20.99	2.16	2.49	0.45	14.07	7.42	8.04	1.00	2.78
中部	最大值	4.35	36.52	26.02	3.15	3.62	1.23	28.75	25.50	11.44	1.87	6.06
中部	最小值	1.21	18.19	15.43	1.53	1.73	0.08	4.87	2.44	2.76	0.59	0.87
中部	变异系数	34.75	15.05	13.05	15.74	15.66	53.33	41.44	69.00	28.61	29.00	46.76
下部	平均值	1.89	25.57	18.55	1.82	3.06	0.31	15.42	12.94	7.02	1.02	3.08
下部	最大值	2.4	35.07	27.43	2.11	4.29	0.65	34.48	22.23	9.16	1.44	7.33
下部	最小值	1.02	18.36	11.75	1.47	2.11	0.13	8.46	6.60	4.91	0.75	1.56
下部	变异系数	25.93	28.28	36.93	11.54	23.20	67.74	63.23	50.46	21.08	26.47	70.13

表 4-7　2018—2023 年上、中、下部位烟叶化学成分统计结果

部位	年份	烟碱/%	总糖/%	还原糖/%	总氮/%	钾/%	氯/%	糖碱比	钾氯比	两糖差/%	氮碱比
上部	2018 年	3.48	25.01	20.15	2.50	1.01	0.21	8.42	4.23	4.86	0.75
	2019 年	3.96	23.79	18.91	2.84	2.11	0.18	6.18	16.72	4.88	0.73
	2021 年	3.23	26.89	19.85	2.77	2.06	0.34	8.53	6.30	7.04	0.87
	2022 年	3.26	23.89	20.37	2.56	2.24	0.42	9.65	6.79	7.52	0.81
	2023 年	3.30	24.57	21.37	2.50	1.83	0.43	8.47	7.19	5.20	0.77
	平均值	3.45	24.83	20.13	2.63	1.85	0.32	8.25	8.25	6.30	0.79
中部	2018 年	2.38	29.90	22.85	1.91	1.21	0.17	14.64	12.75	9.04	0.83
	2019 年	2.40	28.71	22.46	2.12	2.60	0.16	13.03	22.77	6.25	0.92
	2021 年	2.38	29.15	21.01	2.29	2.35	0.39	13.27	6.70	8.14	0.99
	2022 年	2.36	29.04	20.99	2.16	2.49	0.45	14.07	7.42	8.04	1.00
	2023 年	2.73	27.92	21.73	2.24	2.10	0.38	11.21	12.02	6.18	0.86
	平均值	2.45	28.94	21.81	2.14	2.15	0.31	13.24	12.33	7.53	0.92
下部	2018 年	1.50	31.39	20.34	1.69	1.76	0.09	18.20	24.47	7.05	1.20
	2019 年	1.91	26.96	20.91	1.89	2.88	0.19	15.77	21.80	6.05	1.05
	2021 年	1.89	24.13	18.39	2.00	2.62	0.54	13.54	4.99	5.75	1.06
	2022 年	1.89	25.57	18.55	1.82	3.06	0.31	15.42	12.94	7.02	1.02
	2023 年	2.04	21.16	16.05	2.14	2.76	0.26	11.26	22.16	5.11	1.10
	平均值	1.85	25.84	18.85	1.91	2.62	0.28	14.84	17.27	6.20	1.09

备注：2020 年无数据。

1. 烟碱

NC297 各部位烟碱含量年度变化统计如图 4-22 所示。

2. 总糖

NC297 各部位总糖含量年度变化统计如图 4-23 所示。

3. 还原糖

NC297 各部位还原糖含量年度变化统计如图 4-24 所示。

4. 总氮

NC297 各部位总氮含量年度变化统计如图 4-25 所示。

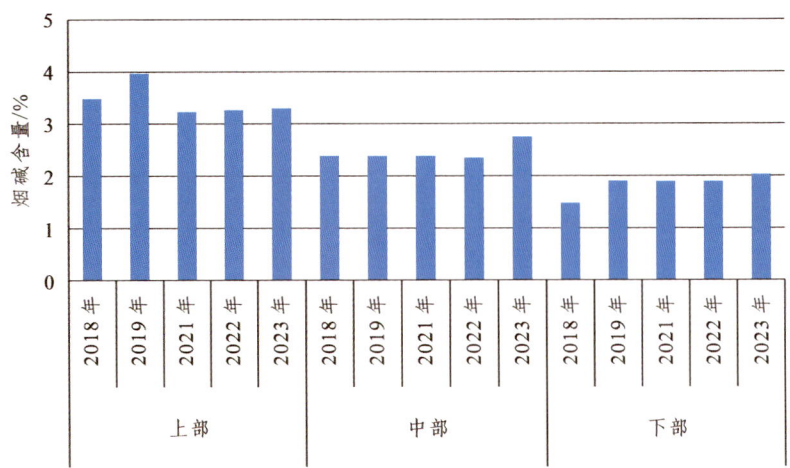

图 4-22 NC297 各部位烟碱含量年度变化统计

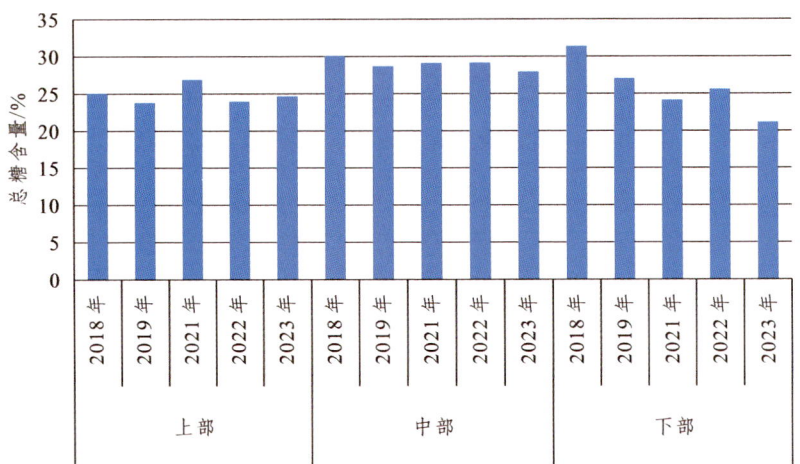

图 4-23 NC297 各部位总糖含量年度变化统计

图 4-24 NC297 各部位还原糖含量年度变化统计

第四章 烟叶质量特征

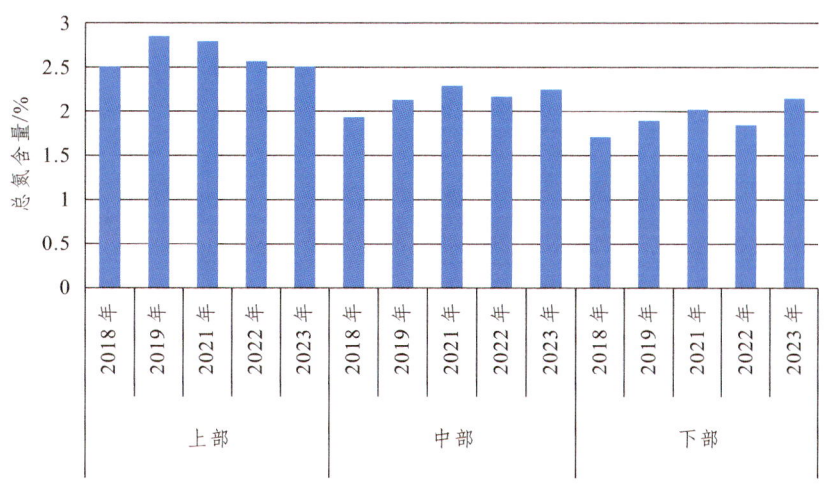

图 4-25 NC297 各部位总氮含量年度变化统计

5. 钾

NC297 各部位钾含量年度变化统计如图 4-26 所示。

图 4-26 NC297 各部位钾含量年度变化统计

6. 氯

NC102 各部位氯含量年度变化统计如图 4-27 所示。

从图 4-22 ~ 图 4-27 可看出，2018—2022 年度（2020 年未种植）6 项化学成分情况如下：

烟碱含量：上部烟叶 2019 年最高，为 3.96%；中部烟叶 2023 年最高，为 2.73%；下部烟叶 2018 年最低，为 1.5%；其他年度烟碱含量差异不大。

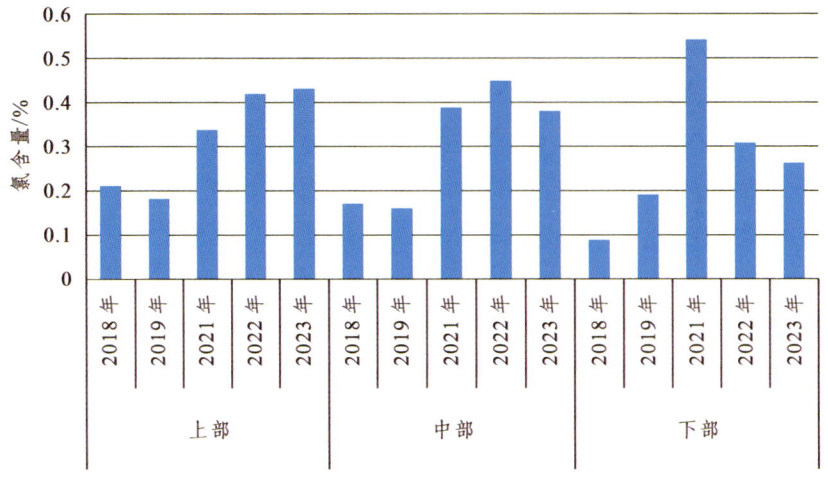

图 4-27　NC102 各部位氯含量年度变化统计

总糖、还原糖含量：总糖含量为 21.16%~31.90%；还原糖平均值为 18.85%~21.81%。总糖含量上部烟叶 2021 年略高，中部、下部烟叶均 2018 年最高，分别为 29.9%、31.39%。

总氮含量：5 个年度上部、中部、下部烟叶平均值分别为 2.63%、2.14%、1.91%。上部烟叶 2019 年最高，为 2.84%；中部烟叶 2018 年最低，为 1.91%；下部烟叶 2018 年最低，为 1.69%。

钾含量：5 个年度上部、中部、下部烟叶钾含量平均值分别为 1.85%、2.15%、2.62%，均处于合理范围内。

氯含量：5 个年度氯含量波动较大，无明显规律，上部、中部、下部烟叶氯含量平均值分别为 0.32%、0.31%、0.28%，均处于合理范围内。

糖碱比：5 个年度上部烟叶平均值为 8.25，中部烟叶为 13.24，下部烟叶为 14.84，糖碱比总体适宜。

（三）不同产区烟叶化学成分

对玉溪峨山、玉溪元江、红河建水、楚雄、文山、保山六个产区 NC297 品种烟叶样品的化学成分进行统计，结果见表 4-8。

表 4-8 不同产区 NC297 烟叶化学成分统计结果

部位	产区	烟碱/%	总糖/%	还原糖/%	总氮/%	钾/%	氯/%
上部	玉溪峨山	3.73	24.32	18.90	2.77	2.01	0.26
	玉溪元江	3.62	26.75	20.83	2.97	1.51	0.10
	红河建水	3.80	24.74	20.07	2.57	1.81	0.38
	楚雄	3.23	26.89	19.85	2.77	2.06	0.34
	文山	3.48	27.01	20.15	2.50	1.01	0.21
	保山	3.42	22.82	19.56	2.55	1.94	0.16
	平均值	3.55	25.42	19.89	2.69	1.72	0.24
中部	玉溪峨山	2.59	28.33	22.08	2.24	2.32	0.23
	玉溪元江	2.57	27.81	22.02	2.23	2.17	0.15
	红河建水	3.03	26.60	21.66	2.16	2.05	0.39
	楚雄	2.38	29.15	21.01	2.29	2.35	0.39
	文山	2.42	32.02	22.42	1.85	1.23	0.16
	保山	2.62	27.78	23.08	2.19	2.48	0.15
	平均值	2.60	28.62	22.04	2.16	2.10	0.25
下部	玉溪峨山	1.95	25.41	19.96	2.02	2.82	0.21
	玉溪元江	1.90	17.92	14.89	1.95	3.94	0.16
	红河建水	2.02	23.47	17.04	1.75	2.44	0.27
	楚雄	1.89	24.13	18.39	2.00	2.62	0.54
	文山	1.77	26.15	19.39	1.71	1.57	0.10
	保山	1.77	16.78	15.42	2.45	3.92	0.59
	平均值	1.88	22.31	17.51	1.98	2.88	0.31

1. 不同产区 NC297 上部烟叶化学成分

不同产区 NC297 上部烟叶化学成分如图 4-28 所示。

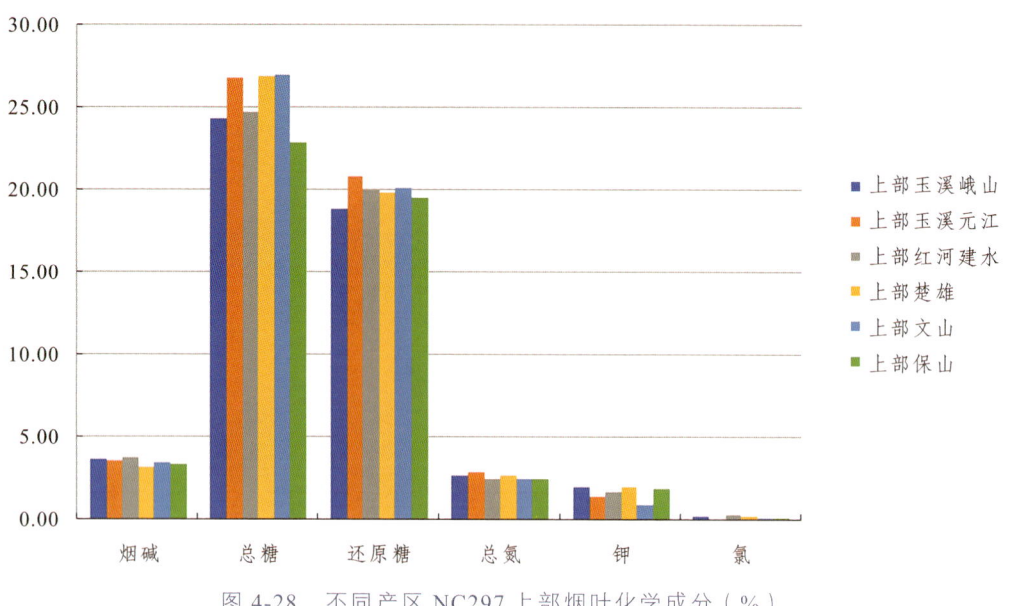

图 4-28　不同产区 NC297 上部烟叶化学成分（%）

2. 不同产区 NC297 中部烟叶化学成分

不同产区 NC297 中部烟叶化学成分如图 4-29 所示。

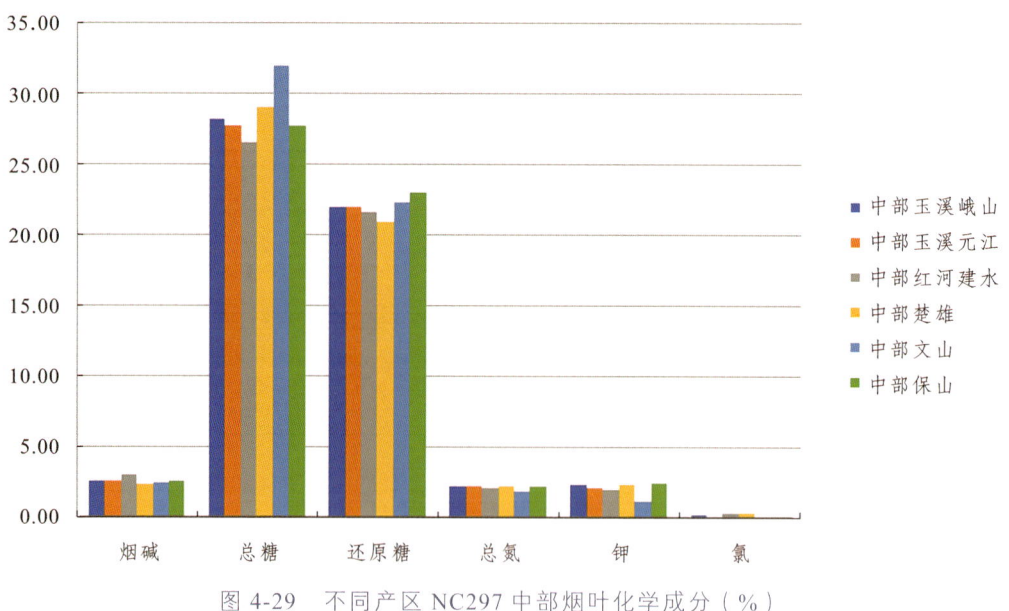

图 4-29　不同产区 NC297 中部烟叶化学成分（%）

3. 不同产区 NC297 下部烟叶化学成分

不同产区 NC297 下部烟叶化学成分如图 4-30 所示。

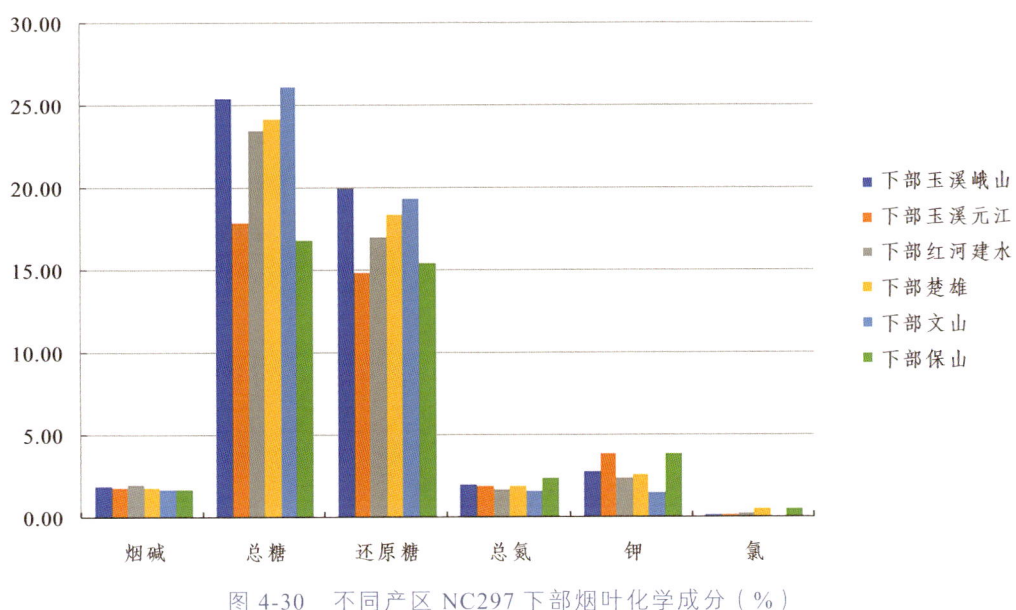

图 4-30　不同产区 NC297 下部烟叶化学成分（%）

4. 不同产区 NC297 三个部位烟碱含量

不同产区 NC297 三个部位烟碱含量如图 4-31 所示。

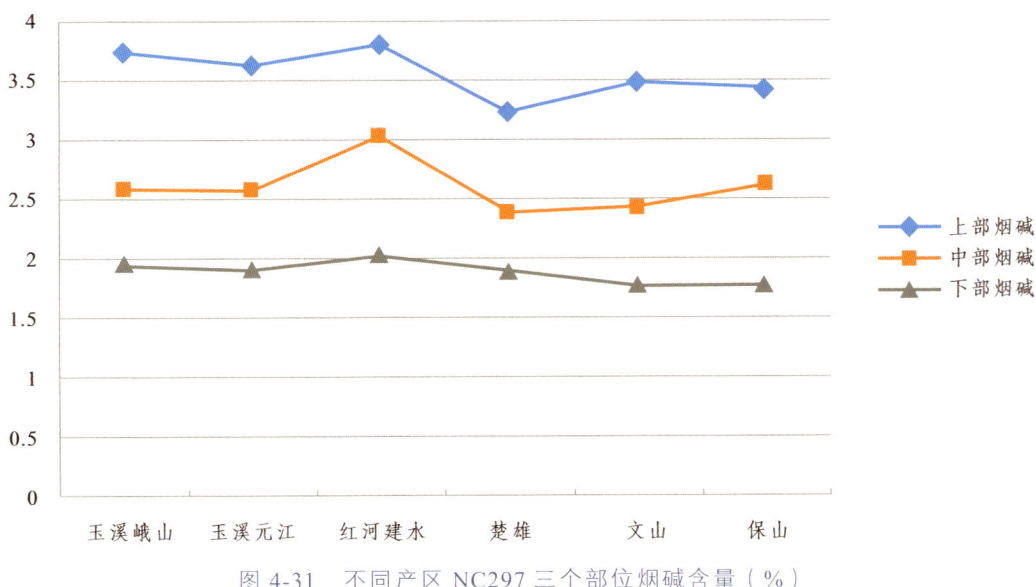

图 4-31　不同产区 NC297 三个部位烟碱含量（%）

5. 不同产区 NC297 三个部位总糖含量

不同产区 NC297 三个部位总糖含量如图 4-32 所示。

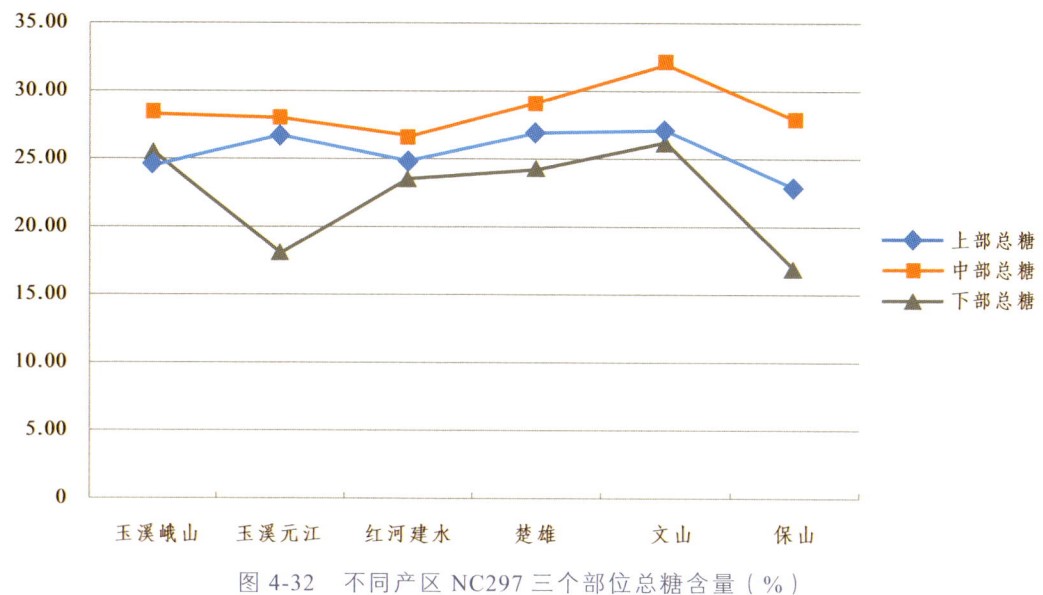

图 4-32　不同产区 NC297 三个部位总糖含量（%）

6. 不同产区 NC297 三个部位还原糖含量

不同产区 NC297 三个部位还原糖含量如图 4-33 所示。

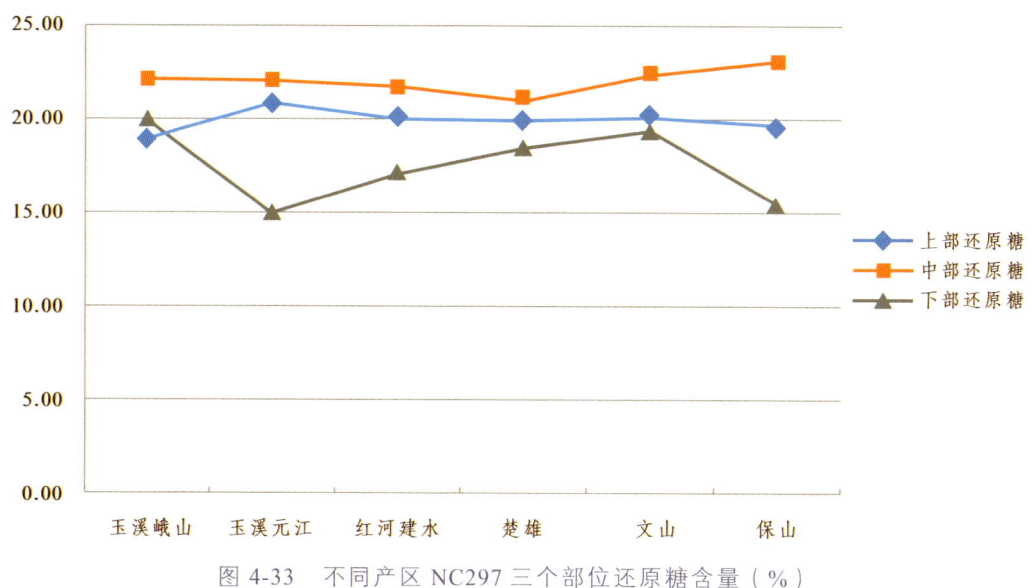

图 4-33　不同产区 NC297 三个部位还原糖含量（%）

7. 不同产区 NC297 三个部位总氮含量

不同产区 NC297 三个部位总氮含量如图 4-34 所示。

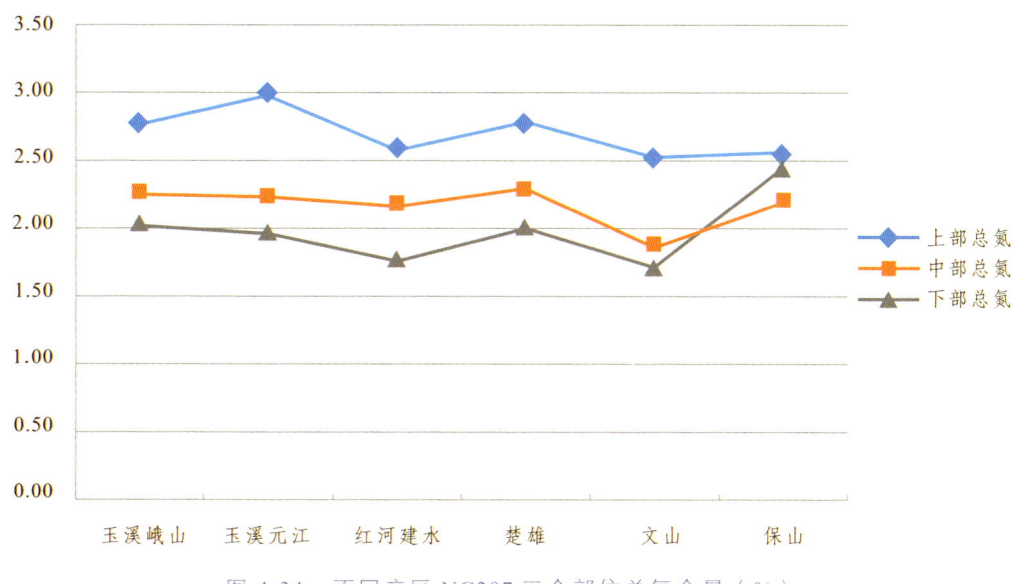

图 4-34　不同产区 NC297 三个部位总氮含量（%）

8. 不同产区 NC297 三个部位钾含量

不同产区 NC297 三个部位钾含量如图 4-35 所示。

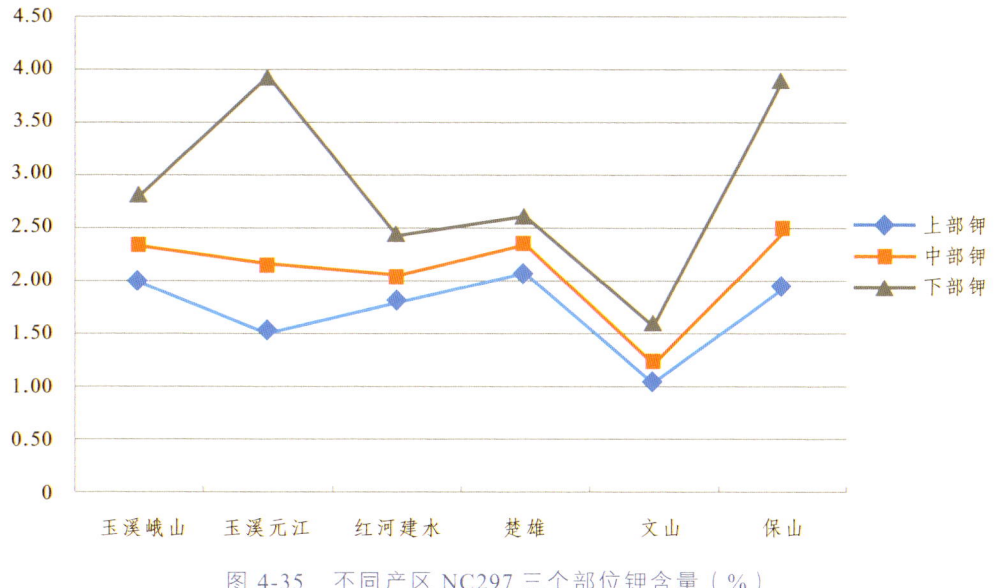

图 4-35　不同产区 NC297 三个部位钾含量（%）

9. 不同产区 NC297 三个部位氯含量

不同产区 NC297 三个部位氯含量如图 4-36 所示。

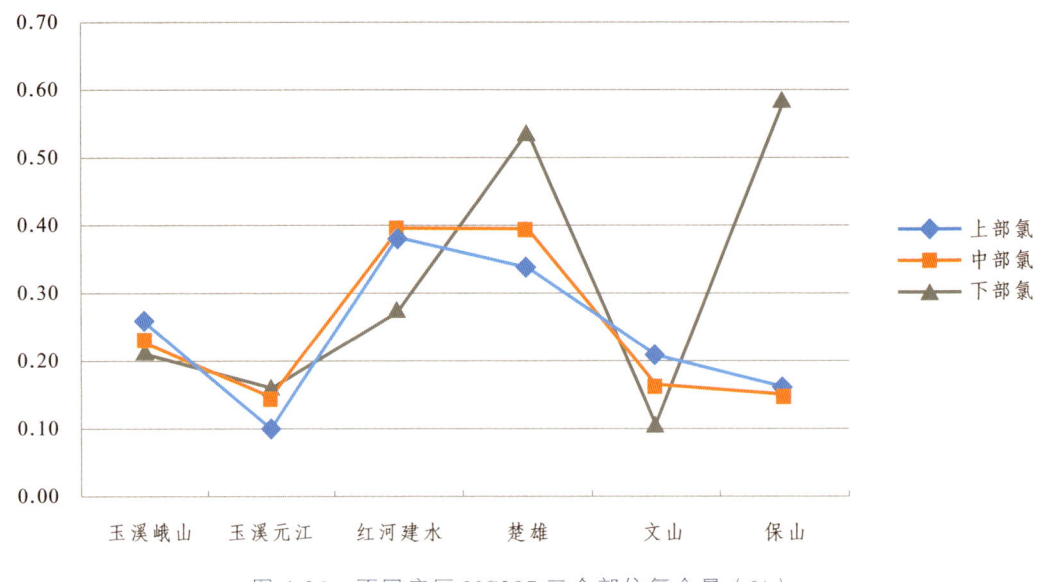

图 4-36　不同产区 NC297 三个部位氯含量（%）

图 4-28～图 4-36 为 NC297 在不同产区的化学成分统计图。在 6 个产区中：

烟碱含量：上、中、下三个部位烟叶均为红河建水最高，分别为 3.80%、3.03%、2.02%；玉溪峨山、玉溪元江上部、中部、下部烟叶烟碱相对楚雄、文山、保山略高。

总糖含量：上部烟叶文山最高，为 27.01%，其次为楚雄和玉溪元江，含量分别为 26.89%、26.75%，保山最低，为 22.82%；中部烟叶文山最高，为 32.02%，其余 5 个产区差异不大；下部烟叶文山最高，为 26.15%，其次为玉溪峨山、楚雄，含量分别为 25.41%、24.13%，保山最低，为 16.78%。

还原糖含量：上部烟叶玉溪峨山最低，18.90%，其他产区无明显差异，平均值为 19.89%；中部烟叶 6 个产区相差不大，平均值为 22.04%；下部烟叶玉溪元江最低，为 14.89%。

总氮含量：6 个产区各部位烟叶之间差异较小。

钾含量：上部、中部烟叶钾含量楚雄和保山最高，分别为 2.06%、2.48%，上部、中部、下部烟叶均文山最低，分别为 1.01%、1.23%、1.57。

氯含量：6 个产区各部位烟叶氯含量为 0.10%～0.59%，均在烤烟氯含量的合理范围内。

第四节 讨论与总结

2014 年云南省颁布实施的云南省地方标准《烤烟生产 第 6 部分：烟叶质量》（DB53/T 607.6—2014）中对初烤烟叶的外观质量和主要化学成分做出了相应的要求：在外观质量上，要求烤后烟叶成熟度好，外观呈柠檬色至橘黄色，色泽均匀饱满，光泽中至强，身份稍薄至稍厚，组织结构稍疏松至疏松，油分有至多；烟叶主要化学成分要求见表 4-9。

表 4-9 云南烟叶主要化学成分指标

部位	总糖/%	还原糖/%	总氮/%	烟碱/%	氮碱比	糖碱比	K/%	Cl/%
上部	23~33	18~29	1.8~2.6	3.0~4.0	0.5~0.9	5.5~11	≥1.6	≤0.8
中部	25~35	21~31	1.4~2.2	2.0~3.0	0.5~1.1	8.0~17		
下部	25~33	18~29	1.5~2.0	1.5~2.5	0.6~1.3	10~22		

根据近几年 NC102 和 NC297 品种的生产情况认为：NC102 初烤烟叶的外观质量原烟成熟度好，颜色橘黄，光泽强，结构疏松，身份适中，油分较足；NC297 原烟成熟度好，颜色橘黄，光泽强，结构疏松，身份稍薄，油分较足，中、上部烟叶身份适中，下部叶稍薄，总体满足云南省地方标准要求。

在烟叶主要化学成分方面，分析了近几年的烟叶情况，具体见表 4-10。

表 4-10 云南省内 NC102 和 NC297 品种的烟叶主要化学成分指标

品种	部位	总糖/%	还原糖/%	总氮/%	烟碱/%	氮碱比	糖碱比	K/%	Cl/%
NC102	上部	19~34	11~22	2.2~3.5	2.8~5.1	0.6~0.9	3.7~11	1.3~2.9	0.1~0.9
	中部	24~39	16~27	1.5~2.7	1.1~4.0	0.6~1.4	6.2~29.0		
	下部	25~41	17~29	1.5~2.6	1.0~3.2	1.1~1.7	7.8~40		
NC297	上部	17~34	13~25	1.7~3.5	1.8~4.6	0.6~1.1	4.5~18.7	1.6~4.3	0.1~1.2
	中部	18~37	15~26	1.5~3.2	1.2~4.4	0.6~1.9	4.9~28.8		
	下部	18~35	12~27	1.5~2.1	1.0~2.4	0.6~1.4	8.5~34.5		

从表 4-10 可看出，NC102 和 NC297 初烤烟叶主要化学成分，呈现总糖和还原糖、烟碱等指标的最小值较标准值低，最大值较标准值更高，范围波动较大，尤其是上部烟叶的总氮含量最大值明显高于标准值，同时总体钾含量较高的特点。在后续的产业化推广中，应重点关注上部烟叶的烟碱和总氮，做好平衡施肥等生产技术措施管控。

第五章

烟叶加工质量及加工特性

第一节 烟叶感官质量

一、NC102 和 NC297 复烤片烟感官质量

（一）NC102 片烟感官质量

组织评吸专家对 2018—2021 年度在昆明、文山、保山等产区采购调拨的 NC102 品种部分库存烟叶进行感官质量评价，选取的 11 个等级烟叶见表 5-1。

表 5-1　NC102 品种烟叶评吸样品信息

序号	等级	备注
1	2018/烤烟/云南昆明/NC102/	在用
2	2019/烤烟/石林长湖镇长湖站/NC102	在用
3	2020/烤烟/云南昆明/NC102	库存
4	2020/烤烟/云南昆明/NC102	库存
5	2020/烤烟/云南文山/NC102	库存
6	2020/烤烟/云南保山/NC102	库存
7	2021/烤烟/昆明石林/NC102	库存
8	2021/烤烟/昆明石林/NC102	库存
9	2021/烤烟/文山丘北/NC102	库存
10	2021/烤烟/云南保山/NC102	库存
11	2021/烤烟/文山丘北/NC102	库存

感官质量评价结果如下：

昆明（石林）地区：该品种表现为香气清晰度较好，体现为清甜韵、干草香和果香；香气较丰富，质感细腻，清晰飘逸，香气量适中，香气浓度适中，劲头适中，口腔舒适性较好，刺激较小，稍有木质和生青杂气，总体感官质量较好。

文山地区：该品种表现为香气浓度较高，较细腻柔和，香气量适中，清香型特

征表现适中，具有烘烤香、干草香，香韵较厚实，烟气较湿润，口腔刺激稍偏大，稍有枯焦杂气，余味稍有残留，总体感官质量中等。

保山地区：该品种表现为香气透发性较高，香气质感一般，稍欠绵长，香气量适中，清香型特征表现一般，干草香、果香、酸香较丰富，烟气较湿润，口腔刺激稍偏大，总体感官质量中等。

NC102品种几个产区的感官评吸结果为：昆明石林地区感官质量表现较好，保山和文山地区表现中等。

（二）NC297片烟感官质量

组织评吸专家对2019—2022年度在玉溪、华宁、峨山、楚雄、建水、红河等产区采购调拨的NC297品种部分库存烟叶进行感官质量评价，选取的16个烟叶等级见表5-2。

表5-2 NC297品种烟叶评吸样品信息

序号	等级	备注
1	2019/烤烟/玉溪1/NC297	在用
2	2020/烤烟/玉溪华宁/NC297	库存
3	2020/烤烟/玉溪华宁/NC297	库存
4	2020/烤烟/玉溪华宁/NC297	库存
5	2020/烤烟/玉溪华宁/NC297	库存
6	2021/烤烟/玉溪峨山/NC297	库存
7	2021/烤烟/玉溪峨山/NC297	库存
8	2021/烤烟/玉溪峨山/NC297	库存
9	2022/烤烟/云南楚雄/NC297	库存
10	2022/烤烟/云南楚雄/NC297	库存
11	2022/烤烟/云南楚雄/NC297	库存
12	2022/烤烟/云南玉溪/NC297	库存
13	2022/烤烟/建水青龙站/NC297	库存
14	2022/烤烟/建水青龙站/NC297	库存
15	2022/烤烟/建水青龙站/NC297	库存
16	2022/烤烟/红河建水/NC297	库存

感官评价结果如下：

玉溪地区：该品种表现为香气量适中，香气质感表现较好，甜香丰富，刺激性适中，整体舒适感表现较好，口感特性表现较好，总体感官质量较好。

楚雄地区：该品种表现为甜香较丰富，香气质感尚可，香气量适中，杂气较明显，口腔湿润感欠佳，总体感官质量中等。

红河地区：该品种表现为香气透发性较高，香气质感一般，稍欠绵长，香气量适中，清香型特征表现一般，烟气较湿润，口腔刺激稍偏大，总体感官质量中等。

NC297品种几个产区的感官评吸结果为：玉溪、华宁、峨山感官质量表现较好，红河、建水和楚雄地区表现中等。

二、NC102 和 NC297 复烤模块感官质量

为明确NC102和NC297复烤模块的感官质量及在卷烟产品中的使用，评吸专家对两个品种的复烤模块进行了感官质量评价，评价结果见表5-3。

表 5-3 NC102、NC297 复烤模块感官质量评价

物料描述	NC102 上部烟模块	NC102 中部烟模块	NC102 下部烟模块	NC297 上部烟模块	NC297 中部烟模块	NC297 下部烟模块
香韵	7.5	8.0	7.0	7.5	8.0	7.5
香气量	13.5	12.5	12.0	13.5	12.0	12.0
香气质	12.5	13.0	12.5	13.0	12.5	12.0
浓度	8.5	8.0	7.5	8.5	7.5	7.0
刺激性	13.5	13.0	12.5	13.0	12.5	12.0
劲头	5.0	4.5	4.0	4.5	4.0	4.0
杂气	7.5	7.5	8.0	7.5	7.0	7.0
纯净度	7.5	8.0	8.0	7.5	8.0	8.0
湿润感	4.5	4.0	4.0	4.0	4.0	4.0
回味	3.5	3.5	4.0	4.0	3.5	3.5
总分	83.5	82.0	79.5	83.0	79.0	77.0

由表5-3可知，NC102和NC297两个品种复烤模块感官质量评价结果均为：上部烟模块＞中部烟模块＞下部烟模块；两个品种感官质量评价总分相比，NC102感官质量评价略优于NC297。

通过复烤模块感官评价，配方人员可据此结果，结合其他不同等级烟叶的品质进行配方优化，最大限度地彰显这两个品种烟叶的品种特色，提高其工业可用性。

第二节 烟叶加工特性

一、NC102 和 NC297 烟叶加工特性

在加工过程中,随着温度的升高,烟叶含水率下降,弹性和韧性降低,而较好的烟叶柔软性会减少造碎,提高耐加工性。影响烟叶加工特性的因素很多,主要包括烟叶的物理特性、化学成分、设备性能及加工工艺参数等。以 K326 为对照,对 NC102 和 NC297 两个品种开展试验并对其烟叶复烤耐加工性和制丝耐加工性进行分析,结果见表 5-4。

表 5-4　NC102、NC297 与 K326 加工特性指标比较

品种	等级	出片率/%	出梗率/%	长梗率/%	碎片率/%	烤耗/%
NC102	X2F	61.29	25.51	12.56	3.26	2.98
NC297	X2F	60.79	25.87	11.98	3.52	3.55
K326	X2F	59.27	26.45	11.58	2.46	4.39
NC102	C3F	65.26	26.36	14.89	2.33	2.26
NC297	C3F	65.71	27.31	14.56	2.45	2.88
K326	C3F	64.79	25.99	12.53	2.01	3.77
NC102	B2F	66.64	23.42	13.42	2.38	3.85
NC297	B2F	66.98	23.47	13.32	2.35	3.97
K326	B2F	65.62	23.00	12.03	2.28	4.52

NC102 和 NC297 的 X2F、C3F、B2F 三个等级烟叶与相同等级的对照烟叶 K326 相比,NC102 和 NC297 出片率、长梗率略高于对照 K326;加工过程中产生的碎片相对 K326 较多,但总体在可控范围内;NC102 和 NC297 烤耗略低于对照 K326,说明 NC102 和 NC297 品种的加工特性、复烤经济指标与对照 K326 相比略好。

二、NC102 和 NC297 烟叶分级后模块复烤的在线分析结果

云南中烟烟叶工业分级主要是依据烟叶外观质量对收购入库的原烟进行二次分选,按照现行《烤烟工业分级标准》进行;模块配方加工是依据制定的模块配方,

对分选后的烟叶等级按比例混合投料,按照该模块的复烤工艺标准进行打叶复烤加工,并用在线近红外光谱检测技术检测复烤加工过程中烟叶内在化学成分。NC102和NC297烟叶2022年复烤模块加工检测结果见表5-5及图5-1~图5-4。

应用在线近红外技术对NC102和NC297两个品种烟叶的复烤模块化学成分(烟碱为主)进行检测,从分析结果可以看出:两个品种的复烤模块烟叶烟碱含量波动不大,烟碱含量集中呈正态分布,复烤烟叶内在品质的稳定性较好。

表5-5 2022年度NC102和NC297主要模块化学成分统计

品种	等级	烟碱/%	总糖/%	还原糖/%	总氮/%	氧化钾/%	氯/%
NC102	CO1S	2.94	30.45	28.02	1.99	1.81	0.44
	CO2S3	2.92	29.06	26.6	2.08	1.87	0.33
	CO3S2	2.77	26.93	25.21	2.18	1.98	0.31
	XO1S1	2.01	28.26	26.97	1.85	2.12	0.49
	BO1S2	3.6	24.75	22.88	2.46	1.78	0.38
	CBO1S2	3.64	25.75	22.69	2.45	1.64	0.38
NC297	BO1S1	3.78	25.45	22.32	2.37	2.12	0.20
	BO3S	3.89	24.15	21.27	2.46	2.14	0.18
	BOA1S	4.28	21.41	18.33	2.70	2.19	0.16
	CO1S	3.01	31.26	26.40	1.93	2.14	0.18
	CO3S	3.05	28.12	24.40	2.09	2.27	0.17
	XO1S	2.25	28.42	24.98	1.83	2.62	0.25

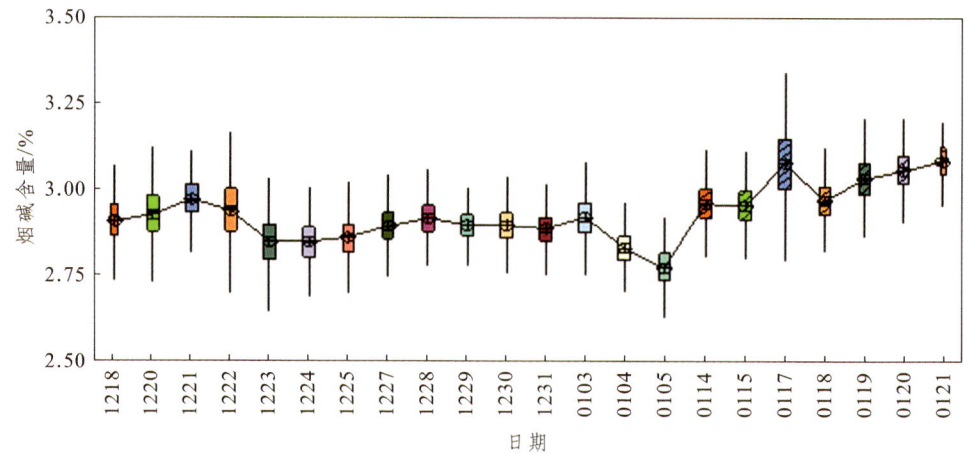

图5-1 NC102复烤在线CO1S等级烟碱箱线图

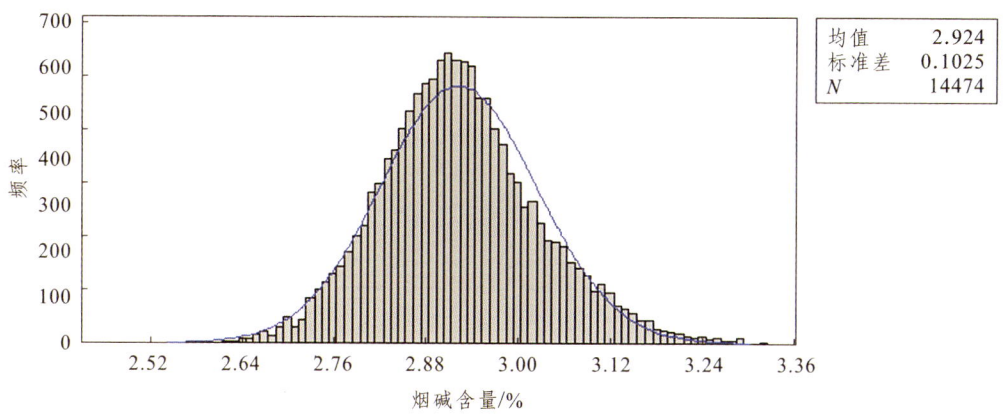

图 5-2　NC102 复烤在线 C01S 等级烟碱分布直方图

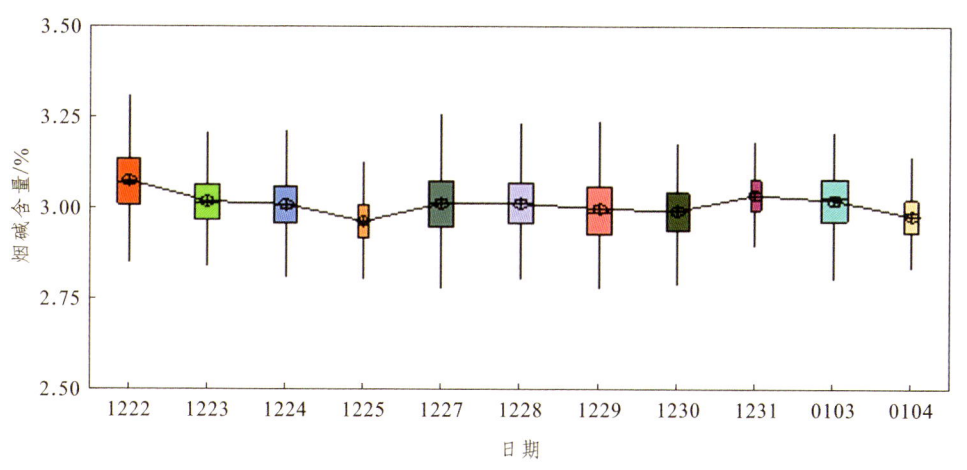

图 5-3　NC297 复烤在线 B01S1 等级烟碱箱线图

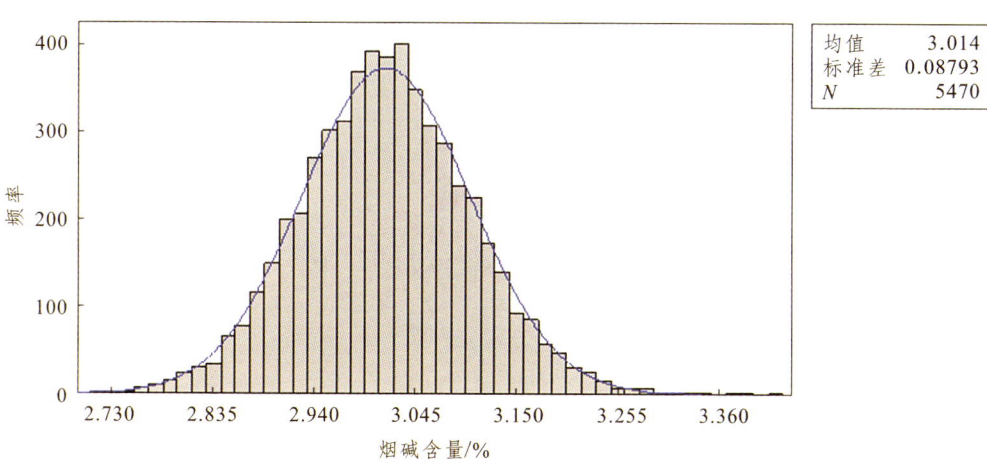

图 5-4　NC297 复烤在线 B01S1 烟碱分布直方图

三、制丝耐加工试验

对 NC102 和 NC297 品种的烟叶进行制丝耐加工试验,并同 K326 品种的烟叶进行比较,试验结果见表 5-6。

表 5-6　NC102、NC297 与 K326 的烟丝耐加工特性指标比较

品种	整丝率/%	碎丝率/%	端部落丝量/mg	烟丝填充值/($cm^3 \cdot g^{-1}$)	水分/%
NC102	83.56	1.79	7.91	5.54	12.99
NC297	81.23	2.35	6.42	4.89	12.86
K326(对照)	78.98	2.34	7.01	4.56	13.12

制丝耐加工试验结果表明:

NC102 品种的烟丝结构略好于 K326,整丝率高于 K326,碎丝率低于 K326,端部落丝量略高于 K326,烟丝填充值高于 K326。

NC297 品种的整丝率高于 K326,碎丝率与 K326 相似,端部落丝量略低于 K326,烟丝填充值高于 K326。

第三节　烟叶配方功能验证试验

云南中烟通过多年的品比、区域生产示范及配套栽培烘烤技术试验,初步掌握了 NC102 和 NC297 的农艺性状和栽培、调制技术、复烤加工特性等。为研究 NC102 和 NC297 品种在卷烟配方中的应用,卷烟产品配方人员通过卷烟配方试验,从品牌应用角度验证这两个品种的烟叶在卷烟产品中的应用,以下为相关验证试验。

一、NC102 品种烟叶的卷烟配方验证试验

将 NC102 品种烟叶替换云南中烟某卷烟牌号产品叶组配方中的其他品种烟叶,通过感官评吸评价产品感官质量的变化情况,验证 NC102 品种烟叶的配方应用效果。

配方试验以某牌号产品叶组原配方为对照,加入 2.5%、5% 和 7.5% 三种比例的 NC102 品种烟叶,分别为叶组配方 1 号试验样,配方 2 号试验样和配方 3 号试验样,配方设计见表 5-7。

表 5-7 NC102 品种烟叶在某牌号配方验证试验的配方比例(%)

烟叶名称	配方编号			
	原配方 0 号(对照)	配方 1 号	配方 2 号	配方 3 号
主料模块 X	100	97.5	95.0	92.5
NC102	0	2.5	5.0	7.5
合计	100	100	100	100

评吸结果如下:

对照 0 号试验样:香气以清甜香为主,略带焦甜香、焦香、果香和花香,香气丰富性较好,各香气韵调组合自然、优美,烟草本香充足、自然、纯净,香气爆发力度较强,香气量较足;烟气较细腻,甜度、绵延性、成团性、柔和性较好,浓度较浓,杂气略有,刺激略有,余味较净较适,劲头适中。

配方 1 号试验样:香气以清甜香为主,清香突出,略带焦甜香、焦香、果香和花香,甜度较强,香气丰富性较好,香气韵调组合平衡,香气爆发力度较强,香气量较足;烟气较细腻,甜度、绵延性、成团性、柔和性较好,浓度较浓,杂气略有,刺激略有,余味较净较适,劲头适中。

配方 2 号试验样:香气以清甜香为主,清香突出,略带焦甜香、焦香、果香和花香,甜度较强,香气丰富性较好,香气韵调组合较平衡,香气爆发力度、香气量偏弱;烟气较细腻,甜度、绵延性、成团性、柔和性较好,浓度较浓,杂气略有,刺激略有,余味较净较适,劲头适中。

配方 3 号试验样:香气以清甜香为主,清香突出,略带焦甜香、焦香、果香和花香,甜度较强,香气丰富性较好,香气韵调组合较平衡,香气爆发力度、香气量弱;烟气较细腻,甜度、绵延性、成团性、柔和性差,浓度浓,杂气有,刺激有,余味较净较适,劲头过。

评吸结果表明:5%比例的 NC102 品种烟叶在某牌号配方验证试验中有较好的配方效果,综合评价为:配方 2 号试验样>配方 1 号试验样>0 号对照样>配方 3 号试验样。

二、NC297 品种烟叶的卷烟配方验证试验

与 NC102 品种烟叶配方验证试验方案相似,将 NC297 品种烟叶替换云南中烟某卷烟牌号产品叶组配方中的其他品种烟叶,通过感官评吸评价产品感官质量的变化情况,验证 NC297 品种烟叶的配方应用效果。

配方试验以某牌号产品叶组原配方为对照,加入 2.5%、5%和 7.5%三种比例的 NC297 品种烟叶,分别为叶组配方 1 号试验样、配方 2 号试验样和配方 3 号试验样,配方设计见表 5-8。

表 5-8　NC297 品种烟叶在某牌号配方验证试验的配方比例（%）

烟叶名称	配方编号			
	原配方 0 号（对照）	配方 1 号	配方 2 号	配方 3 号
主料模块 X	100	97.5	95.0	92.5
NC297	0	2.5	5.0	7.5
合计	100	100	100	100

评吸结果如下：

对照 0 号试验样：香气丰富性和香气底蕴明显偏弱，清香风格略显偏弱，烟气略显粗糙。

配方 1 号试验样：香气丰富性，底蕴方面表现明显偏弱。

配方 2 号试验样：香气底蕴和丰富性方面表现稍弱。

配方 3 号试验样：以烟草本香为底蕴，清甜香风格明显，兼有焦甜香、果香、花香，香气优雅、细腻、谐调、丰富、底蕴充足、厚实，香气透发性较好；烟气表现为细、柔、绵、甜、润，浓度中偏浓，略有杂气、刺激，劲头中，余味干净舒适、生津感明显。

配方试验表明：NC297 品种烟叶在产品配方中，有夯实香气底蕴、丰富烟草本香和增加甜韵感的作用。7.5%比例的 NC297 品种烟叶在产品开发中有较好的配方效果。

三、NC102、NC297 品种烟叶配方功能验证试验结论

NC102、NC297 品种烟叶配方功能验证试验表明：

NC102 品种烟叶清香型风格突出，甜韵感明显，可强化、巩固卷烟产品的清甜香香韵，达到凸显产品清甜香风格的目的。具有在配方中强化、巩固产品的清甜香香韵的作用。

NC102 品种烟叶在卷烟配方中要适当控制应用比例，才能获得较好的配伍性，在试验品牌配方中加入 2.5%~5.0%比例的 NC102 品种烟叶，有较好的配方效果，能有效凸显产品的清香型风格，增强产品的甜润感。

NC297 品种烟叶烟草本香充足，香气的细腻度、绵延性、甜韵感明显，在卷烟产品配方中，可作主料烟叶应用。具有丰富产品烟草本香、增强烟草自然甜韵、夯实香气底蕴的作用。

在试验品牌配方中加入 5.0%~7.5%比例的 NC297 品种烟叶，有较好的配方效果，能有效增强产品的香气底蕴和甜韵感。

综上所述，两个品种具有良好的配伍性，在卷烟产品配方工作中，配方人员可根据卷烟品牌需求，控制适当的比例，彰显两个品种的风格，以起到较好的配方效果。

参考文献

[1] 何元胜，王继明，郑元仙，等. 不同施氮量对水稻土氮素供应及烤烟生长的影响[J]. 热带农业科学，2022，42（6）：7-10.

[2] 张杰，黄海棠，杨立均，等. 氮素形态对烟草生长及品质影响的研究进展[J]. 中国农学通报，2018，34（15）：38-43.

[3] 任宏. 施用化肥对农业生态环境的负面影响及对策[J]. 农村经济与科技，2019，30（6）：5；13.

[4] 原政，欧阳铖人，杨德海，等. 不同用量有机肥替代化肥对洱海流域氮磷养分流失和烟叶产质量的影响[J]. 江西农业学报，2022，34（1）：94-99.

[5] 张明发，田峰，李孝刚，等. 基于烤烟生产的湘西植烟土壤质量综合评价[J]. 中国烟草学报，2017，23（3）：87-97.

[6] 周艳. 有机无机培肥对宁夏旱作区农田土壤与作物产量的影响[D]. 银川：宁夏大学，2019：1-3.

[7] 蒋雨洲，陈顺辉，李文卿，等. 有机肥长期定位施用对烟田土壤养分和烟株根际土壤细菌群落的影响[J]. 中国烟草学报，2019，25（6）：60-70.

[8] 潘玉蕊，郑雅元，陈林，等. 化肥减量配施炭醋肥对烟草生长和品质的影响[J]. 现代园艺，2018，9：3-5.

[9] ZHANG M，RIAZ M，ZHANG L，et al. Response of fungal communities in different soils to biochar and chemical fertilizers under simulated rainfall conditions[J]. Science of The Total Environment，2019，691：654-663.

[10] LAIRD D，FLEMING P，WANG B，et al. Biochar impact on nutrient leaching from a midwestern agricultural soil[J]. Geoderma，2010，158（3）：436-442.

[11] NIU Z，AN F，SU Y，et al. Effect of long-term fertilization on aggregate size distribution and nutrient accumulation in aeolian sandy soil[J]. Plants，2022，11（7）：909.

[12] WANG X，BAI J，XIE T，et al. Effects of biological nitrification inhibitors on nitrogen use efficiency and greenhouse gas emissions in agricultural soils：a review[J]. Ecotoxicology and Environmental Safety，2021，220：112-338.

[13] 杨夏孟. 有机肥料配合施用对土壤养分、烤烟生长及品质的影响[D]. 郑州：河南农业大学，2012：11-14.

[14] 蒙静，曹云娥，姚英，等. 秸秆还田对土壤理化及生物性状影响的研究进展[J]. 北方园艺，2013，11：184-186.

[15] 赵柏霞，潘凤荣，王薇，等. 生物菌剂对樱桃的促生效应及根际细菌群落的影响[J]. 沈阳农业大学学报，2018，49（3）：286-292.

[16] 姜永雷，肖雨，邓小鹏，等. 微生物菌剂对烟草连作土壤理化性质及土壤胞外酶酶活性的影响[J]. 中国烟草学报，2022，28（4）：59-66.

[17] 殷全玉，刘健豪，方明，等. 高碳基肥配施菌剂对植烟土壤化学性质及微生物的影响[J]. 湖南农业大学学报（自然科学版），2019，45（5）：501-506.

[18] 胡亚杰，王生才，卢健，等. 微生物菌剂喷施对烤烟生长发育及产质量的影响[J]. 作物研究，2018，32（3）：213-216.

[19] 王文凤，张丽娜，朱启法，等. 枯草芽孢杆菌BC80-6发酵条件的优化及对烟草根黑腐病的控病效果[J]. 烟草科技，2019，52（5）：6-13.

[20] 施河丽，孙立广，谭军，等. 生物有机肥对烟草青枯病的防效及对土壤细菌群落的影响[J]. 中国烟草科学，2018，39（2）：54-62.

[21] 潘明锦，彭丽娟，李春黎，等. 微生物菌剂对烤烟幼苗主要农艺性状与生理特征的影响[J]. 贵州农业科学，2019，47（9）：20-25.

[22] 鲍士旦. 土壤农化分析[M]. 3版. 北京：中国农业出版社，2000：14-151.

[23] 国家烟草专卖局. 烟草农艺性状调查测量方法：YC/T 142—2010[S]. 北京：中国标准出版社，2010：1-10.

[24] 国家技术监督局. 烤烟：GB 2635—92[S]. 北京：中国标准出版社，1992：7-8.

[25] 沙月霞，黄泽阳，李云翔，等. 生物菌剂对土壤微生物群落结构和功能的影响[J]. 农业环境科学学报，2022，41（12）：2752-2762.

[26] 周泽，姚拓，史潭梅，等. 菌剂对高寒地区土壤微生物群落结构及固氮菌群的影响[J]. 草地学报，2022，30（10）：2609-2616.

[27] 李惠通. 覆膜及秸秆还田对旱地冬小麦化肥氮归趋及平衡的影响[D]. 杨凌：西北农林科技大学，2021：1-10.

[28] 李红强，姚荣江，杨劲松，等. 盐渍化对农田氮素转化过程的影响机制和增效调控途径[J]. 应用生态学报，2020，31（11）：3915-3924.

[29] 周兰兰，刘梅金，李明军，等. 不同施肥处理对青稞根际土壤铵态氮和硝态氮的影响[J]. 中国农学通报，2022，38（30）：85-90.

[30] 王强盛，薄雨心，余坤龙，等. 绿肥还田在稻作生态系统的效应分析及研究展望[J]. 土壤，2021，53（2）：243-249.

[31] 韦云东，周时艺，陈蕊蕊，等. 生物有机肥、枯草芽孢杆菌对木薯生长及土壤

性状的影响[J]. 广东农业科学，2022，49（12）：64-73.

[32] 牛莉莉，贾晓果，吴疆，等. 哈茨木霉与腐殖酸肥配施对烤烟质量和植烟土壤特性的影响[J]. 贵州农业科学，2023，51（3）：44-52.

[33] 龙伟，黄广远，姚小华，等. 枯草芽孢杆菌和哈茨木霉菌对油茶容器苗生长的影响[J]. 中南林业科技大学学报，2023，43（3）：1-11.

[34] 赵晓军，李丽，张璇，等. 生物炭与微生物菌剂配施对土壤生物和化学特性的影响[J]. 安徽农业科学，2018，46（25）：109-112.

[35] 安明哲，张岩，张妤，等. 枯草芽孢杆菌对盐胁迫下高粱种子萌发、幼苗生长及其生理特性的影响[J]. 山东农业科学，2022，54（12）：81-90.

[36] 刘聪，邓宇宏，刘选明，等. 过氧化氢酶在植物生长发育和胁迫响应中的功能研究进展[J]. 生命科学研究，2023，27（2）：128-138.

[37] 丁薪源，曹建康. 果蔬过氧化物酶酶学特性研究进展[J]. 食品科技，2012，37（10）：62-66.

[38] 魏婧，徐畅，李可欣，等. 超氧化物歧化酶的研究进展与植物抗逆性[J]. 植物生理学报，2020，56（12）：2571-2584.

[39] 高媛，薛艳红，刘士平. 植物抗氧化动态平衡研究进展[J]. 生物资源，2019，41（1）：14-21.

[40] 毛家伟，张翔，李亮，等. 施用生物菌剂对烤烟叶片生理特征及钾、氯含量的影响[J]. 干旱地区农业研究，2020，38（3）：181-187.

[41] 杨营月，刘慧，王龙飞，等. 不同肥料类型对植烟土壤及烤烟品质的影响研究[J]. 作物杂志，2022，3：187-193.

[42] 杨志新，刘树庆. Cd、Zn、Pb 单因素及复合污染对土壤酶活性的影响[J]. 土壤与环境，2000，9（1）：15-18.

[43] 刘娟，张乃明，于泓，等. 重金属污染对水稻土微生物及酶活性影响研究进展[J]. 土壤，2021，53（6）：1152-1159.

[44] 孔龙，谭向平，和文祥，等. 外源 Cd 对中国不同类型土壤酶活性的影响[J]. 中国农业科学，2013，46（24）：5150-5162.

[45] 宗钊辉，田俊岭，王维，等. 氮素水平对烤烟根系形态、结构及其氮素积累的影响[J]. 中国烟草学报，2021，27（6）：34-42.

[46] 王典，匡志豪，孙晓伟，等. 哈茨木霉对烟草生长/产质量及黑胫病防效的影响[J]. 贵州农业科学，2023，51（3）：27-35.

[47] 汤玲玲. 三种促生微生物代谢产物中 IAA 含量的测定及其对烟草促生作用研究[D]. 洛阳：河南科技大学，2022：12；45.

[48] 陈建妙，曹英建，瞿金旺，等. 哈茨木霉对黑麦草气体交换和生长发育的影响[J]. 北方园艺，2023，4：53-59.

[49] 张紫瑶，谈韫，樊航，等．绿色木霉和枯草芽孢杆菌对番茄苗期根系形态及土壤速效养分的影响[J]．江苏农业科学，2022，50（9）：111-115．

[50] 李迪秦，任铮，祝利，等．土壤调理剂与枯草芽孢杆菌菌剂配施对烟草生长发育及病害的影响[J]．江苏农业科学，2022，50（10）：88-94．

[51] 陈雅琼，刘海，田临卿，等．土壤消毒结合微生态修复对烤烟生长及其主要病害的影响[J]．贵州农业科学，2023，51（2）：35-41．

[52] 毛多斌，黄晓玉，周利峰，等．枯草芽孢杆菌分离鉴定及其对烟叶化学成分和吸味品质的影响[J]．烟草科技，2022，55（8）：10-19．

[53] 欧阳一鸣，赵文涛，付秋娟，等．不同类型烟叶原料加热卷烟化学成分和感官质量评价[J]．中国烟草科学，2023，44（4）：64-70；78．

[54] 吴兴富，焦芳婵，冯智宇，等．烤烟种质资源物理特性的遗传多样性分析[J]．烟草科技，2021，54（7）：1-10．

[55] 李晓婷，张静，保华，等．云南3个主栽烤烟品种的化学成分含量和区域特征分析[J]．云南大学学报（自然科学版），2018，40（5）：995-1005．

[56] 杨志晓，王轶，刘红峰，等．我国主栽烤烟品种亲缘关系及育种[J]．中国烟草学报，2013，19（2）：34-41．

[57] 杨世仙，赵富伟，王欢，等．药用园林植物紫萼的化学成分[J]．云南农业大学学报（自然科学版），2011，26（5）：662-667．

[58] 徐风丹，李亮，张翔，等．高碳基肥与微生物菌剂配施对土壤肥力及烟叶产质量的影响[J]．湖北农业科学，2023，62（1）：77-83．

[59] 全柯颖，蔡奇，张阳，等．减氮配施微生物菌剂对烤烟产量和品质的影响[J]．湖南农业大学学报（自然科学版），2023（6）：645-651．

[60] 殷全玉，刘健豪，方明，等．高碳基肥配施菌剂对植烟土壤化学性质及微生物的影响[J]．湖南农业大学学报（自然科学版），2019，45（5）：501-506．

[61] 邓涛，夏贤仁，李先才，等．不同生物制剂对烤烟提质防病效果及土壤特性的影响[J]．贵州农业科学，2023，51（10）：48-57．

[62] 王艳平，李萍，吴文强，等．生物有机肥和微生物菌剂对北京山区连作茶菊生长及土壤肥力的影响[J]．中国土壤与肥料，2023（12）：107-113．

[63] 许自成，赵瑞蕊，王龙宪，等．烟叶成熟度的研究进展[J]．东北农业大学学报，2014，45（1）：123-128．

[64] 宫长荣，李艳梅，马京民，等．烟叶在烘烤条件下活性氧自由基的产生及谷胱甘肽保护酶的变化[J]．华中农业大学学报，2003（5）：508-511．

[65] 贾琪光，宫长荣．烟叶生长发育过程中主要化学成分含量与成熟度关系的研究[J]．烟草科技，1988（6）：40-44．

[66] BRANKA U, DUŠICA J, ANA S, et al. Characterization of natural leaf senescence

in tobacco (Nicotiana tabacum) plants grown in vitro[J]. Protoplasma, 2016, 253 (2): 259-75.

[67] 郑小雨, 李常军, 路晓崇, 等. 烤烟不同成熟期色素含量变化及其与叶绿体超微结构的关系探究[J]. 中国农业科技导报, 2020, 22 (10): 60-68.

[68] 陆新莉, 荀正贵, 刘婕, 等. 不同基因型烟草叶片在成熟过程中质体色素的变化[J]. 中国农学通报, 2019, 35 (15): 35-39.

[69] 刘国顺, 云菲, 史宏志, 等. 光、氮及其互作对烤烟含氮化合物含量、抗氧化系统及品质的影响[J]. 中国农业科学, 2010, 43 (18): 3732-3741.

[70] 廖孔凤, 徐兴阳, 代瑾然, 等. 2个生态区不同成熟度烟叶生理生化指标的研究[J]. 西南农业学报, 2016, 29 (2): 281-287.

[71] 吴飞跃, 申燕, 杨振智, 等. 不同施肥对烤烟中部叶碳氮代谢及基因表达的影响[J]. 中国农业科技导报, 2018, 20 (10): 21-28.

[72] 顾永丽, 胡勇, 周建云, 等. 烟叶成熟过程主要生理生化指标鉴定及相关性分析[J]. 分子植物育种, 2021, 19 (15): 5137-5142.

[73] 刘素参, 欧明毅, 马坤, 等. 烟叶成熟度与品质关系及其影响因素研究进展[J]. 江西农业学报, 2016, 28 (12): 75-79.

[74] 蔡宪杰, 王信民, 尹启生. 成熟度与烟叶质量的量化关系研究[J]. 中国烟草学报, 2005 (4): 42-46.

[75] 叶为民, 罗岩峰, 潘义宏, 等. 不同采收成熟度对景东烤烟品质的影响[J]. 南方农业学报, 2013, 44 (05): 735-739.

[76] 王涛, 毛岚, 高华锋, 等. 云南曲靖烟区K326烟叶适宜采收成熟度研究[J]. 作物研究, 2016, 30 (2): 152-156.

[77] 刘素参, 欧明毅, 马坤, 等. 烟叶成熟度与品质关系及其影响因素研究进展[J]. 江西农业学报, 2016, 28 (12): 75-79.

[78] 赵铭钦, 苏长涛, 姬小明, 等. 不同成熟度对烤烟中性致香物质含量的影响[J]. 浙江农业科学, 2008 (1): 117-120.

[79] 金文华, 宫长荣, 王振坤, 等. 烤烟成熟度质量效应分析[J]. 烟草科技, 1997 (3): 36-38.

[80] 王能如, 徐增汉, 尹永强, 等. 烤烟烘烤温湿度与相关酶活性关系的研究进展[J]. 广东农业科学, 2013, 40 (19): 14-16; 24.

[81] 聂荣邦, 李海峰, 胡子述. 烤烟不同成熟度鲜烟叶组织结构研究[J]. 烟草科技, 1991, (03): 37-39.

[82] 贾琪光, 宫长荣, 赵献章, 等. 烟叶的成熟度与生长发育对质量的影响[J]. 烟草科技, 1986 (2): 32-36.

[83] 蔡宪杰，王信民，尹启生. 烤烟外观质量指标量化分析初探[J]. 烟草科技，2004（6）：37-39；42.

[84] 张银军，何伟，杨虹琦，等. 不同成熟度烤烟烟叶调制前后物理特性的分析[J]. 湖南农业科学，2008（2）：113-115.

[85] 朱忠，冼可法，尚希勇. 中上部不同成熟度烤烟烟叶与主要化学成分和香味物质组成关系的研究[J]. 中国烟草学报，2008（1）：6-12.

[86] 黄璇，周冀衡，罗华杰，等. 云南曲靖烟区不同采收成熟度对云烟97烟叶质量的影响[J]. 湖南农业科学，2012（17）：31-34.

[87] GOPA LAM A. Biochemical changes during maturation of fluecured tobacco I：changes in leaf pigments[J]. Tob Res，1979（5）：113-117.

[88] 宫长荣，刘霞，宋朝鹏，等. 影响烤烟上部叶质量的因素及提高其可用性的措施[J]. 中国农学通报，2007（3）：103-108.

[89] 王允白，王宝华，郭承芳，等. 影响烤烟评吸质量的主要化学成分研究[J]. 中国农业科学，1998（1）：90-92.

[90] 韩富根，王校辉，张凤侠，等. 不同成熟度对延边烤烟主要化学成分和香气质量的影响[J]. 河南农业大学学报，2009，43（1）：30-34.

[91] 李晓. 对提高烟叶成熟度的认识[J]. 中国烟草科学，2004（4）：33-34.

[92] 刘百战，冼可法. 不同部位、成熟度及颜色的云南烤烟中某些中性香味成分的分析研究[J]. 中国烟草学报，1993（1）：46-53.

[93] 王瑞新，马常力，韩锦峰，等. 烤烟香气物质成分与成熟度的关系[J]. 烟草科技，1991（4）：25-28.

[94] 张延军，左安建，梁荣，等. 湖南烤烟成熟度与评吸质量的相关性和回归分析[J]. 江西农业学报，2011，23（7）：69-71.

[95] 陈颐，赵应伟，徐安传，等. 采收成熟度对K326鲜烟叶素质及产质量的影响[J]. 西南农业学报，2019，32（3）：659-664.

[96] 李峥，张晓兵，夏琛，等. 成熟度对K326上部叶鲜烟素质及烤后质量的影响[J]. 湖南文理学院学报（自然科学版），2022，34（2）：67-72；94.

[97] 杨树勋，李琅，权文彦，等. 鲜烟叶含水率对烟叶烘烤变黄和外观及经济性状的影响[J]. 作物研究，2018，32（6）：500-503.

[98] 宫长荣，赵振山. 烟叶成熟度、烘烤环境条件与烟叶品质的关系[C]//跨世纪烟草农业科技展望和持续发展战略研讨会论文集. 北京：1999：307-316.

[99] 闫克玉，赵献章，等. 烟叶分级[M]. 北京：中国农业出版社，2003.

[100] 赵瑞蕊. 曲靖烟区生态因素对烤烟成熟度的影响及成熟度与品质的关系[D]. 河南农业大学，2012.

[101] 张晓蕴，赵铭钦，卢叶，等. 南阳烟区不同品种烤烟打顶后酶活性及化学成分

分析[J]. 湖南农业大学学报：自然科学版，2010，36（2）：155-159.

[102] 聂荣邦，唐建文. 烟叶烘烤特性研究Ⅰ. 烟叶自由水和束缚水含量与品种及烟叶着生部位和成熟度的关系[J]. 湖南农业大学学报（自然科学版），2002（4）：290-292.

[103] 刘国顺. 烟草栽培学[M]. 北京：中国农业出版社，2003：59-62.

[104] 尹智华，谢晓斌，陈永明，等. 提高南雄烟叶成熟度的探讨[J]. 农业与科技，2011 31（3）：38-40.

[105] 史志宏，韩景峰. 烤烟碳氮代谢几个问题的探讨[J]. 烟草科技，1998（2）34-36.

[106] 宋鹏飞，马迅，王萝萍，等. 纬度和海拔二维因素对云南烟叶化学成分的影响[J]. 西南农业学报，2018，31（1）：68-63.

[107] 刘红光，杨义，罗华元，等. 红云红河卷烟原料"K326"的种植海拔及土壤条件研究[J]. 云南农业大学学报，2015，30（6）：895-901.

[108] 逄涛，林茜，李勇. 云南烟区不同土壤类型对K326烤烟主要化学成分的影响[J]. 安徽农业科学，2012，40（16）：8897-8898；8914.

[109] 杨华伟. 打顶对烟株碳氮代谢及烟碱合成的影响[J]. 河南农业，2007，11.

[110] 刘春奎，许自成. 烟叶的成熟与科学采收[J]. 科学种田，2007，9：9.

[111] 宫长荣. 烟草调制学[M]. 北京：中国农业出版社，2003.

[112] 王娟，邓国宾，张晓龙，等. 美引烤烟品种NC102品质特征分析[J]. 中国野生植物资源，2003，32（1）：29-32.

[113] 王文杰，刘文涛，李峰，等. 3个美国引进烤烟品种在费县的种植表现试验[J]. 现代农业科技，2013（21）：51-52；55.

[114] 杨英鹏. 施氮量和打顶时期对烤烟NC102产量和质量的影响[J]. 乡村科技，2020，11（36）：98-101.

[115] 杨洪雄，徐兴阳，罗华元，等. 云南烟区推广种植NC102与NC297品种的良区良法配套方案探索[J]. 昆明学院学报，2011，33（6）：23-26.

[116] 刘红光，罗华元，饶智，等. 烤烟品种高产配套栽培技术研究[J]. 贵州农业科学，2015，43（3）：71-73.

[117] 谢俊秋. 美引品种NC102、NC297的适宜生态条件与配套生产技术研究[D]. 湖南农业大学，2013.

[118] 周绍松，周敏，陈拾华，等. 烤烟品种"NC102"种植海拔与致香成分的相关性分析[J]. 西南农业学报，2018，31（10）：2081-2085.

[119] 周敏，周绍松，王建新，等. 烤烟新品种NC102配套栽培技术研究[J]. 福建农业学报，2016，31（2）：118-124.

[120] 宫长荣. 烟草调制学[M]. 北京：中国农业出版社，2011.

[121] 王传义,张忠锋,徐秀红,等.烟叶烘烤特性研究进展[J].中国烟草科学,2009,30(1):38-41.

[122] 朱先志,王滨,刘莉,等.临沂主栽烤烟品种中部烟叶烘烤特性研究[J].现代农业,2015(8):104-106.

[123] 王传义.不同烤烟品种烘烤特性研究[D].北京:中国农业科学院,2008.

[124] 李豪,喻会平,郜军艺,等.新引烤烟品种云烟105烘烤特性研究[J].特产研究,2022,44(2):71-76;94.

[125] 刘芳,宋笑龙,宗胜杰,等.烤烟新品种许金101烘烤特性及烟叶质量研究[J].河南农业科学,2022,51(12):172-180.

[126] 范志勇,罗锐,户艳霞,等.四种烤烟品种烘烤特性比较[J].天津农业科学,2020,26(11):80-86.

[127] 仙立国,黄一兰,王松峰,等.翠碧一号鲜烟叶素质及烘烤特性研究[J].中国烟草学报,2020,26(3):66-73.

[128] 曹想,裴晓东,陈梦思,等.烤烟新品种HN2146烘烤特性研究[J].云南农业大学学报(自然科学),2020,35(3):464-469.

[129] 林旋,张洋,杨丽花,等.云南烤烟品种中部叶烘烤特性研究[J].湖南农业科学,2021(6):68-73.

[130] 黄广华,徐志强,史久长,等.不同部位烟叶烘烤失水特性及化学物质变化[J].湖南农业科学,2022(7):61-65.

[131] 闫克玉,赵铭钦.烟草原料学[M].北京:科学出版社,2008.

[132] 武圣江,宋朝鹏,贺帆,等.密集烘烤过程中烟叶生理指标和物理特性及细胞超微结构变化[J].中国农业科学,2011(1):51.

[133] 孟可爱,聂荣邦,肖春生,等.密集烘烤过程中烟叶水分和色素含量的动态变化[J].湖南农业大学学报(自然科学版),2006(2):144-148.

[134] 宋朝鹏.烤烟烟叶成熟和烘烤过程中色素变化特征及其机理研究[D].南京:南京农业大学,2010.

[135] 武圣江.烤烟密集烘烤过程中烟叶生理和物理特性及细胞超微结构变化[D].河南:河南农业大学,2011.

[136] 杨英鹏,张德康.烘烤过程中烟叶水分含量变化和叶绿素降解速率探究[J].南方农业,2021,15(24):4-7.

[137] 尹永强,孔菲,王能如,等.不同烤烟品种烘烤过程中叶绿素降解规律及易烤性评价[J].广东农业科学,2012,39(14):14-16.

[138] 谷守辉.分析不同成熟度烟叶烘烤中颜色值和色素含量的变化[J].中国新技术新产品,2019(9):75-76.

[139] 韦克苏,涂永高,张念,等.采收成熟度对烘烤过程烟叶色素降解及抗氧化系

统的影响[J]. 江苏农业科学，2021，49（13）：176-180.

[140] 李合生. 现代植物生理学[M]. 北京：高等教育出版社，2006.

[141] 郑小雨. 不同采收期烤烟主脉特征及烘烤特性的研究[D]. 郑州：河南农业大学，2021.

[142] 宫长荣，王晓剑，马京民，等. 烘烤过程中烟叶的水分动态与生理变化关系的研究[J]. 河南农业大学学报，2000，34（3）：229-231.

[143] 崔国民. 烤烟密集型自动化烤房及烘烤工艺技术[M]. 北京：科学出版社，2012.

[144] 迟飞，罗红香，黄刚，等. 网式散叶密集烘烤下部烟叶失水规律与烘烤效应关系研究[J]. 热带作物学报，2015（2）：417-425.

[145] 王正刚，孙敬权，唐经祥，等. 充分发育烟叶失水特性及烘烤失水调控初报[J]. 中国烟草科学，1999（2）：1-4.

[146] 任一鹏，简彬，方力，等. 3个烤烟品种在烘烤过程中色素和水分含量的变化[J]. 安徽农学通报，2010，16（3）：79-81.

[147] 李许涛，武广鹏，李伟观，等. 不同氮用量对烤烟品种氮代谢及烘烤特性的影响[J]. 江西农业学报，2022，34（4）：1-7.

[148] 魏硕，苏家恩，范志勇，等. 变黄前期失水胁迫对烟叶烘烤特性的影响[J]. 南方农业学报，2017，48（2）：309-313.

[149] 魏硕，顾勇，罗定棋，等. K326上部叶烘烤过程失水干燥特性研究[J]. 南方农业学报，2017，48（3）：512-516.

[150] 吴飞跃，邱坤，高娅北，等. 快速失水对采后烟叶生理特性的影响[J]. 湖南农业大学学报（自然科学版），2018，44（5）：469-473.

[151] 刘化冰，何文苗，尚晓颖，等. 谷氨酰胺合成酶抑制剂对烤烟烘烤特性的影响[J]. 西北植物学报，2015，35（3）：553-557.

[152] 常娟娟. 乙烯利对烤烟上部叶开片度及烘烤特性的影响研究[D]. 广东：华南农业大学，2018.

[153] 郝贤伟，徐秀红，许家来，等. 烤烟耐烤性的遗传效应[J]. 中国农业科学，2012，45（23）：4939-4946.

[154] 周诚，郭鸿雁，邓世媛，等. 优质烤烟烘烤特性的研究进展[J]. 广东农业科学，2014，41（10）：14-17；26.

[155] 樊宁. 变黄环境对烤烟PPO活性及多酚类物质影响的研究[D]. 贵阳：贵州大学，2009.

[156] 刘凯，刘朋，苑亚汝，等. 烤烟NC55不同部位叶片在烘烤过程中PPO活性变化动态研究[J]. 山东农业科学，2018，50（4）：25-28.

[157] 郝贤伟，徐秀红，许家来，等. 烤烟耐烤性的遗传效应[J]. 中国农业科学，2012，45（23）：4939-4946.

[158] 张玉琴,孙阳,王传义,等. 基 RIL 群体的烤烟烘烤特性遗传分析[J]. 西南农业学报, 2018, 31（9）: 1933-1938.

[159] 方明,谭方利,孙占伟,等. 郴州产区不同烤烟品种上部叶烘烤特性研究[J]. 湖南文理学院学报（自然科学版）, 2019, 31（2）: 49-54.

[160] 王发勇,袁清华,廖宜树,等. 栽培措施对烤烟生育进程的影响研究进展[J]. 中国烟草科学, 2016, 37（2）: 89-94.

[161] 武圣江,涂永高,詹军,等. 不同打顶方式对烤烟上部叶烘烤特性的影响[J]. 江西农业学报, 2019, 31（6）: 68-73.

[162] 韩孟材,朱英华,徐增汉,等. 种植密度与钾肥互作对烤烟成熟期 PPO 及色素的影响[J]. 现代农业科技, 2017（17）: 19-22+26.

[163] 周振超,邓世媛,钟俊周,等. 不同移栽期对烟叶烘烤特性的影响[J]. 西北农林科技大学学报（自然科学版）, 2017, 45（5）: 73-80; 90.

[164] 岳诚,邹聪明,陈疏影,等. 不同成熟度对上部烟叶烘烤过程中生理指标的影响[J]. 云南农业大学学报（自然科学）, 2020, 35（1）: 75-81.

[165] 文志强,邱妙文,王行,等. 烤前喷施乙烯利对烘烤中高温逼熟烟叶物质变化和烤后质量影响[J]. 湖北农业科学, 2019, 58（21）: 130-133.

[166] 张进,李显波,谢瑞莹,等. 外源植物生长调节剂对烤烟上部叶烘烤特性的影响[J]. 山地农业生物学报, 2020（1）: 26-30.

[167] 任杰,李雨江,包可翔,等. 亚氯酸钠对烤烟酶促棕色化反应及烟叶质量的影响[J]. 中国农业大学学报, 2012, 17（5）: 81-85.

[168] OHNSON W H, HENSON W H, HASSLER F J, et al. Bulk curing of bright-leaf tobacco[J]. Tobacco Science, 1960（4）: 49-55.

[169] LONG W R. Trailer for use in harvesting of tobacco: United States, 3095230[P]. 1963-06-25.

[170] NOGUCHI K, KINOSHITA Y. Studies on the bulk curing of tobacco leaves（Ⅰ）[J]. The Japanese Society of Agricultural Machinery and Food Engineers, 1965, 27（2）: 116-120.

[171] WILSON R W. Apparatus for supporting tobacco leaves in bulk form for curing: United States, 3244445[P]. 1966-04-05.

[172] HASSLER F J. Apparatus for bulk curing tobacco: United States, 3251620[P]. 1966-05-17.

[173] WILSON R W. Tobacco bulk curing system with improved curing air flow rate control: US3664034[P]. 1972-05-23.

[174] AZUMANO H. Tobaeeo leaf curing system: United States, 3937227[P]. 1976-02-10.

[175] FOWLER J W. Bulk cure tobacco barn with improvements in construction for optimizing heating efficiency：US4114288[P]. 1978-09-19.

[176] WILSON R W. Tobaceo bulk curing container sections and composite bam construction formed thereby：United States，4136465[P]. 1979-01-30.

[177] HOME W P. Apparatus and method for automatically con-trolling curing conditions a tobacco curing barn：United States，4192323[P]. 1980-03-11.

[178] KADETE H. Energy conservation in tobacco curing[J]. Pergamon，1989，14（7）：415-420.

[179] BRYAN W，MAW J，MICHAEL M，et al. Heat pump dehumidification during the curing of flue-cured tobacco[C]//The Proceedings of the 41st Tobacco Workers' Conference. Nashville，Tennessee，2004.

[180] NGONI C C，DANIEL J，PETER R，et al. Development of an efficient low cost emergency tobacco curing barn for small scale tobacco growers in Zimbabwe[J]. Journal of Basic and Applied Research International，2017，20（4）：244-256.

[181] BORTOLINI，GAMBERI，MORA，et al. Greening the tobacco flue-curing process using biomass energy：a feasibility study for the flue-cured Virginia type in Italy[J]. International Journal of Green Energy，2019，16（14）：1220-1229.

[182] MIGUEL C，FEDERICO A，FABIANA A，et al. Image processing for monitoring of the cured tobacco process in a bulk-curing stove[J]. Computers and Electronics in Agriculture，2020，168.

[183] 詹军，樊军辉，宋朝鹏，等. 密集烤房研究进展与展望[J]. 南方农业学报，2011，42（11）：1406-1411.

[184] 汪廷录，杨清友，张正选. 介绍一种"一炉双机双炕"式密集烤房[J]. 中国烟草，1982（1）：7-39.

[185] 张仁义，袁志勇，谢德平，等. BFJK 型热风循环式电脑烤房的设计与应用研究[J]. 烟草科技，1995（3）：38-41；30.

[186] 聂荣邦. 烤烟新式烤房研究Ⅰ：微电热密集烤房的研制[J]. 湖南农业大学学报，1999（6）：3-5.

[187] 唐经祥，孙敬权，何厚民，等. 烤房热风循环系统试验与示范简报[J]. 安徽农业科学，2001，29（6）：778-779.

[188] 宫长荣，潘建斌. 热泵型烟叶自控烘烤设备的研究[J]. 农业工程学报，2003（1）：155-158.

[189] 李晓燕，王生才，匡传富，等. 热风循环式机烘烤房烟叶烘烤效果研究[J]. 中国烟草科学，2007（6）：36-38.

[190] 蒋笃忠,高春洋,聂新柏,等. 普通烤房密集化改造技术的研究[J]. 作物研究,2008(1):36-38.

[191] 罗会龙,彭金辉,王伟,等. 回收气流余热逆流式热管换热器[P]. 云南:CN201561674U,2010,08,25.

[192] 李超. 密集烤房太阳能、热泵、排湿余热多能互补供热系统耦合方式研究[D]. 昆明:昆明理工大学,2013.

[193] 吴超. 热泵型保温烤烟房节能性研究[D]. 重庆:重庆大学,2015.

[194] 聂荣邦,王政,韦建玉,等. 空气能热泵密集烤房研制及其烟叶烘烤效果[J]. 作物研究,2017,31(2):178-180.

[195] 薛涛. 全闭式热风循环密集烤房风冷重力热管除湿系统性能研究[D]. 昆明:昆明理工大学,2018.

[196] 高荣,徐立猛,于志军,等. 自动加煤设备在烤烟密集烘烤中的应用[J]. 黑龙江农业科学,2019(9):108-110.

[197] 王树林,刘好宝,史万华,等. 论烟草轻简高效栽培技术与发展对策[J]. 中国烟草科学,2010,31(5):1-6.

[198] 陈月舞,韩智强,罗华元,等. 有机和常规种植对不同烤烟品种生长发育和产值量的影响. 中国烟草学报. 2011,17(4):51-55.

[199] 朱先志,杨举华,刘莉,等.NC102品种采收成熟度对烟叶烘烤质量的影响研究. 现代农业,2013,8:8-9.